大众科普系列丛书

交通出行

知识手册

陈一菘◎主 编

U0391421

贵州科技出版社

图书在版编目（CIP）数据

交通出行知识手册 / 陈一崧主编. -- 贵阳 : 贵州科技出版社, 2022.4
　（大众科普系列丛书）
　ISBN 978-7-5532-1031-5

　Ⅰ.①交… Ⅱ.①陈… Ⅲ.①交通安全教育－手册
Ⅳ.①X951-62

中国版本图书馆CIP数据核字（2021）第256815号

大众科普系列丛书：交通出行知识手册
DAZHONG KEPU XILIE CONGSHU:JIAOTONG CHUXING ZHISHI SHOUCE

出版发行	贵州科技出版社	
地　　址	贵阳市中天会展城会展东路A座（邮政编码：550081）	
网　　址	http://www.gzstph.com　　http://www.gzkj.com.cn	
出 版 人	朱文迅	
经　　销	全国各地新华书店	
印　　刷	河北文盛印刷有限公司	
版　　次	2022年4月第1版	
印　　次	2023年1月第2次	
字　　数	90千字	
印　　张	3.75	
开　　本	889mm×1194mm　1/32	
书　　号	ISBN 978-7-5532-1031-5	
定　　价	30.00元	

天猫旗舰店：http://gzkjcbs.tmall.com
京东专营店：https://mall.jd.com/index-10293347.html

《大众科普系列丛书：交通出行知识手册》

编 委 会

前言
FOREWORD

现代社会，各种意外伤害及自然灾害时有发生，不断影响和威胁着人们的正常生活。一些人因自我保护意识不强、防范能力较差，往往成为各种直接或间接伤害的受害者。惨痛的悲剧让我们深刻意识到：对大众进行系统的安全知识教育是十分有必要的。要让大众树立自护、自救观念，形成自护、自救意识，培养自护、自救能力，在遇到各种异常事故和危险时能够果断、正确地进行自护和自救。

为了更好地帮助人们有效应对各种不安全因素，向人们普及有关急救自救、交通出行、消防火灾、居家生活、野外出行、健康饮食、自然灾害、网络信息、校园生活等方面的安全知识，学习出现安全事故时的应急、自救方法等，我们经过精心策划，组织相关专业人员编写了这套丛书。

本丛书向人们提供了系统的安全避险、防灾减灾知识，并精选了近些年发生的安全事故及自然灾害事例，内容翔实，趣味性、实用性、可操作性强，可帮助人们在危险及灾害来临时从容自救和互救。本丛书旨在告诉人们，只要充分认识各种危险，了解各种灾害的特点、形成原因及主要危害，学习一些危险及灾害应急预防措施，就能够在危险及灾害来临时从容应对，成功逃生和避险。另外，本丛书可以帮助大家提升科学素养，弘扬科学精神，营造讲科学、爱科学、学科学的良好氛围，切实提高科学知识普及率，使科学知识真正惠及千家万户。

我们衷心希望这套丛书成为保障大家安全的实用指南，为大家拥有平安快乐的生活、美好幸福的未来保驾护航！

由于丛书编写时间仓促，加上编者水平有限，书中难免存在疏漏及不当之处，欢迎读者朋友提出宝贵意见。

编委会

2021年12月

目录
CONTENTS

1

第一章 交通信号与交通标志

一、认识交通信号灯

交通信号灯由红灯、绿灯、黄灯组成。红灯表示禁止通行，绿灯表示准许通行，黄灯表示警示。交通信号灯可分为指挥灯、车道灯和人行横道灯等。具体有机动车信号灯、非机动车信号灯、人行横道信号灯、车道信号灯、方向指示信号灯、闪光警告信号灯、道路与铁路平面交叉道口信号灯等。

交通信号灯

1 指挥灯信号

指挥灯信号包括绿灯亮、黄灯亮、红灯亮、绿色箭头灯亮和黄灯闪烁五种显示方式。设置样式有水平式和垂直式两种，指挥灯的形式有圆形灯和箭头灯两种。

（1）绿灯亮——准许通行信号。

绿灯亮时，准许面对绿灯的车辆、行人直行，也可左转弯、右转弯。但转弯的车辆不准妨碍直行的车辆和被放行的行人通行。

（2）黄灯亮——预备停止信号。

黄灯亮，是绿灯将要变红灯的过渡信号，此时不准车辆、行人通行，但已越过停止线的车辆和已经进入人行横道的行人，可继续通行。未进入停止线的车辆和行人，一律不准闯黄灯。但对于各方右转弯的车辆在不妨碍被放行的车辆和行人通行的情况下，可以通行。

竖排的交通信号灯

（3）红灯亮——禁止通行信号。

红灯亮时，不准车辆、行人通行，但对于右转弯的车辆在不妨碍被放行的车辆和行人通行的情况下，可以通行。

（4）绿色箭头灯亮——按规定方向通行信号。

绿色箭头灯亮时，准许车辆按箭头所示方向通行。此时，无论圆形交通信号灯哪个灯亮，车辆都可以按绿色箭头灯所指的方向行驶。

（5）黄灯闪烁——夜间警告信号。

黄灯闪烁在夜间、车流量很小的情况下使用，以提醒驾驶人和行人注意前方有交叉路口。黄灯闪烁时，车辆、行人须在确保安全的情况下通过。

② 车道灯信号

车道灯信号由绿色箭头灯和红色"×"形灯组成，设在可变车道上。

绿色箭头灯亮时，准许面对绿色箭头灯的车辆进入绿色箭头灯所指的车道内通行。

红色"×"形灯亮时，面对红色叉形灯的车辆不得进入红色叉形灯下方的车道通行。

设置车道灯的目的，是为了提前告知驾驶人前方车道能否通行。如不能通行，须驶入绿色箭头灯下方的车道通行，以免造成交通堵塞。在通过公路收费站时，都能看到车道灯信号。

③ 人行横道灯信号

人行横道灯信号由红、绿两色灯组成，上红下绿，在红灯镜面上有一个站立的人形象，在绿灯镜面上有一个行走的人形象。通常设在车辆和人流繁忙的重要交叉路口的人行横道两端，灯头面向车行道，与道路中心线垂直。人行横道灯信号与交通指挥信号系统相联系，与自动控制信号灯的开放灯色是一致的。

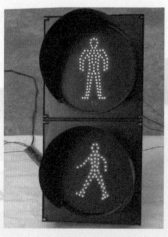

人行横道信号灯

人行横道灯使用规定是：①绿灯亮时，准许行人通过人行横道；绿灯闪烁时，行人不准进入人行横道，但已进入人行横道的，可以继续通行；红灯亮时，行人不准进入人行横道。②路段中间的人行横道，可视实际需要设置行人按钮式的人行横道信号灯，车辆如遇行人要求横过车行道时应让其优先通过。

二、交通信号灯是谁发明的

1 交通信号灯是英国人的发明

19世纪初，英国中部城市约克郡存在这样的风俗，即红色、绿色的衣装分别代表女性的不同身份。其中，穿红色衣服的女性表示已婚，而穿绿色的女性则是未婚者。后来，由于英国首都伦敦的议会大厦前经常发生事故，人们受到红、绿装的启发，于1868年12月，在伦敦议会大厦的广场上产生了信号灯家族的第一个成员——煤气交通信号灯。它是英国机械师德·哈特设计的，灯柱上面挂着一盏红、绿两色的提灯，是城市街道的第一盏信号灯。机械师德·哈特发明的这种灯由红色、绿色的两个旋转式的方形玻璃提灯组成，红色表示"停止"，绿色表示"注意"。但是，没想到在1869年1月2日，因为一个警察随意摆弄红绿灯的转换，不到一个月就发生了爆炸事故，这名警察当场丧命。所以，城市中不再出现这样的信号灯。

② 美国人对交通信号灯的改进

　　20世纪，世界迎来了电气化的时代。1914年，在美国克利夫兰市的大街小巷出现了由电气启动的交通信号灯。随后，在美国的一些其他城市也出现了交通信号灯。随着交通工具的不断发展，1918年，第一盏三色灯（红、黄、绿三种标志）诞生。它被安装在纽约市五号街高塔上的三色圆形四面投影器上，随着它的诞生，城市交通得到了很大改善，随后它便遍及全美国。1918年，又出现了一种带控制的红绿灯和红外线红绿灯。带控制的红绿灯一种是把压力探测器安装在地下，车辆一接近红灯就会变成绿灯；还有一种是用扩音器来启动红绿灯装置，在司机遇到红绿灯时，只要按一下喇叭，红灯就会自动变为绿灯。红外线红绿灯是当行人踩压敏感地面的时候，它就能察觉到有人要过马路，从而延长信号灯的红灯，推迟汽车放行，这样就能避免交通事故的发生。可见，在近100年前就已经有了这种交通信号灯，证明了人类的智慧是无穷的。

现在的多功能信号灯

3 联合国对信号灯的规定

自从红绿灯出现之后，交通得到了有效管制，它对于疏导交通流量，提高道路通行能力，减少交通事故的发生起着重要作用。关于各种信号灯的含义，1968年，联合国《道路交通和道路标志、信号协定》对其做出规定：绿灯是通行信号，在车辆遇到绿灯的时候可以直行、左转弯和右转弯，除非有另一种禁止转向的标志。左右转弯车辆都必须让合法在路口行驶的车辆和过人行横道的行人优先通行。红灯是禁行信号，面对红灯的车辆必须在交叉路口的停车线后停车。黄灯是警告信号，面对黄灯的车辆不能越过停车线。如果车辆在黄灯亮时已经接近停车线且不能安全停车则可以进入交叉路口。这项规定在全世界通用。

4 我国的交通信号灯

了解完国外的情况，我们来了解一下我国的红绿灯。

（1）交通信号灯最早出现在上海。

1928年，在上海中国出现了最早的交通信号灯。它是由国外传入国内而被广泛利用的信号灯，其原理和构造与国外的没有区别。当然，这种信号灯的传入也为当时的上海带来了一丝现代气息。后来，这种信号灯又从上海传到了中国的其他城市。

可移动信号灯

（2）黄色信号灯与胡汝鼎。

纵观交通信号灯的发展史，黄色信号灯的出现是一个突破。或许大家并不了解，黄色信号灯的发明者是中国人。他叫胡汝鼎，因为胸怀"科学救国"的理想而选择到美国学习深造，在美国一家通用公司做职员。有一天，他站在十字路口等绿灯信号，当看到绿灯正要过马路的时候一辆转弯的汽车呼的一下擦身而过，吓得他出了一身冷汗。回到住所之后，他一直在想如何让人们注意危险，于是想到在红灯与绿灯中间再加上一个黄色信号灯。他的这个想法得到了有关机构的认可，于是红、黄、绿三色信号灯成为一个完整的指挥信号家族，被世界各个国家认可和使用。

在现实生活中，我们最容易忽视的就是黄灯的作用。事实上，它对保护人们的生命安全发挥了重要作用。根据公安部门的统计，城市道路交通事故有四分之一发生在路口，而路口发生的交通事故有90%以上都是违反信号灯造成的，可见闯黄灯是非常危险的。黄灯是一种起警示作用的过渡信号灯，它提示驾驶员信号灯即将变换。按照《中华人民共和国道路交通安全法》以及《中华人民共和国道路交通安全法实施条例》的规定，在黄灯亮的时候，已越过停车线的车辆可继续通行，未越过停车线的车辆应停在停车线以内等候。所以，闯黄灯也是一种交通违法行为。

三、什么车辆有优先通行权

拥有优先通行权的车辆，一般都是发生紧急情况时有关部门出动救援的车辆。这些车辆对于险情的救助很重要，所以国家赋予了它们在道路行驶上有一定的优先权。这样做也是为了避免受到损害的个人和单位产生更大的损失。

1 执行紧急任务车辆

《中华人民共和国道路交通安全法》第五十三条规定："警车、消防车、救护车、工程救险车执行紧急任务时，可以使用警报器、标志灯具；在确保安全的前提下，不受行驶路线、行驶方向、行驶速度和信号灯的限制，其他车辆和行人应当让行。警车、消防车、救护车、工程救险车非执行紧急任务时，不得使用警报器、标志灯具，不享有前款规定的道路优先通行权。"

《中华人民共和国道路交通安全法实施条例》第六十六条规定："警车、消防车、救护车、工程救险车在执行紧急任务遇交通受阻时，可以断续使用警报器，并遵守下列规定：（一）不得在禁止使用警报器的区域或者路段使用警报器；（二）夜间在市区不得使

过马路时一定要注意黄灯

用警报器；（三）列队行驶时，前车已经使用警报器的，后车不再使用警报器。"

消防车

2 **道路养护车辆、工程作业车**

《中华人民共和国道路交通安全法》第五十四条规定："道路养护车辆、工程作业车进行作业时，在不影响过往车辆通行的前提下，其行驶路线和方向不受交通标志、标线限制，过往车辆和人员应当注意避让。"

3 **洒水车、清扫车等机动车**

《中华人民共和国道路交通安全法》第五十四条规定："洒水车、清扫车等机动车应当按照安全作业标准作业；在不影响其他车辆通行的情况下，可以不受车辆分道行驶的限制，但是不得逆向行驶。"

洒水车

④ 法律特别规定的车辆

法律特别规定的车辆有优先通行权。《中华人民共和国道路交通安全法》第三十七条规定："道路划设专用车道的，在专用车道内，只准许规定的车辆通行，其他车辆不得进入专用车道内行驶。"公交专用车道、奥运专用通道是我国主要的专用车道。

四、行人的优先通行权有哪些法律依据

① 《中华人民共和国道路交通安全法》第四十四条

《中华人民共和国道路交通安全法》第四十四条规定：

"机动车通过交叉路口，应当按照交通信号灯、交通标志、交通标线或者交通警察的指挥通过；通过没有交通信号灯、交通标志、交通标线或者交通警察指挥的交叉路口时，应当减速慢行，并让行人和优先通行的车辆先行。"可见，在通过没有交通信号、交通标志、交通标线或者交通警察指挥的交叉路口时，行人相对于机动车享有优先通行权；即使行人已经违章，车辆仍应当减速慢行，注意避让行人。

无信号路口行人具有优先权

② 《中华人民共和国道路交通安全法》第四十七条

　　《中华人民共和国道路交通安全法》第四十七条规定："机动车行经人行横道时，应当减速行驶；遇行人正在通过人行横道，应当停车让行。机动车行经没有交通信号的道路

时，遇行人横过道路，应当避让。"可见，行人在通过人行横道或是没有交通信号的道路时，机动车应当避让。

③ 《中华人民共和国道路交通安全法》第六十四条

《中华人民共和国道路交通安全法》第六十四条规定："盲人在道路上通行，应当使用盲杖或者采取其他导盲手段，车辆应当避让盲人。"盲人属于残疾人的一种，是社会的弱势群体，盲人在道路上行走的时候，车辆应当避让。

行人之所以拥有优先通行权，是因为他们在公共交通系统中，和机动车、非机动车相比属于弱势群体，需要格外保护。

嘈杂的十字路口

五、什么是专用车道

专用车道指的是规定只允许某种车辆行驶或只限某种用途使用的车道。专用车道可以分为人行道、非机动车道、机动车道。

1 · 专用车道的标线含义

专用车道中通常有黄色和白色标线。

（1）黄色标线。

黄色标线又分实线和虚线两种。

黄色实线分三种情况。第一种是中心黄色双实线，用以划分上下行方向各有两条或两条以上机动车道而没有设置中心隔离带的道路，严禁车辆越线超车或压线行驶；第二种是中心黄色单实线，用以划分上下行方向各有一条或两条车道的道路，以及双向通行有三条车道和其他需要禁止超车的道路，同样不准越线超车或压线行驶；第三种是中心黄色虚实线，它是由黄色实线与黄色虚线共同组成的一条标线，表示由实线一侧向虚线一侧禁止越线超车和左转弯，而由虚线一侧向实线一侧准许越线超车和左转弯。

奥运专用车道

（2）白色实线。

白色实线从纵向使用上分为两种。一种是禁止变换车行道线，画在有多条行车道的桥梁、弯道、隧道、坡道或车行道渐变路段、交叉路口驶入路段，并与白色虚线相连接，禁止车辆变换车道或借道超车；另一种是车行道边缘线，画在最右侧机动车道与非机动车道之间，一是用来指示机动车道的边缘，二是划分机动车道与非机动车道的分界，国家标准中没有禁止越线或压线的表述。

❷ 法律对专用车道的规定

《中华人民共和国道路交通安全法》第三十六条规定："根据道路条件和通行需要，道路划分为机动车道、非机动车道和人行道的，机动车、非机动车、行人实行分道通行。没有划分机动车道、非机动车道和人行道的，机动车在道路中间通行，非机动车和行人在道路两侧通行。"《中华人民共和国道路交通安全法》第三十七条规定："道路划设专用车道的，在专用车道内，只准许规定的车辆通行，其他车辆不得进入专用车道内行驶。"

现在路面上有一种专门的专用车道，那就是公交车道。顾名思义，公交车道是专供公交车行驶的车道。但是，现在很多路段都有一些不和谐的场面：专用车道并不专用。在公交车道上常常能见到私家车的身影。相信这样的情况在很多城市都存在。国家设立相应的专用车道，是为了让各种交通参与者实行分流、分道行驶，这样既能保证交通秩序的良性运行，也能够最大限度地保护交通参与者的生命安全。大家在马路上行走或者乘坐机动车等工具行驶的时候，一定要严格遵守分道行驶、专用车道专用的原则，这是我们每一位守法公民应该做到的。

公交车专用车道和出租车专用车道

六、交通警察有哪些职责

当大家过马路的时候，总是看到一些交通警察指挥行人顺利通行。他们非常辛苦，无论是严寒还是酷暑，他们都必须坚守在岗位上为人们的生命财产安全保驾护航。下面我们就来了解交通警察的相关知识。

1 认识交通警察

交通警察就是在公安机关内设机构——交通管理警察大

队工作的人民警察。交通警察是警察的一个警种，其职责是维护交通秩序，处理交通事故，查纠道路交通违法行为，负责机动车的登记管理等，简称"交警"。

英姿飒爽的交通警察

② 交通警察的主要职责

交通警察的主要职责包括：①依法查处道路交通违法行为和交通事故；②维护城乡道路交通秩序和公路治安秩序；③开展机动车辆安全检验、牌证发放和驾驶员考核发证工作；④开展道路交通安全宣传教育活动；⑤道路交通管理科研工作；⑥参与城市建设、道路交通和安全设施的规划。

③ 交通警察的主要任务

交通警察的主要任务包括以下几个方面：①广泛收集信息，实行科学决策，采取正确的道路交通措施和决定；②严格执行交通法律和法规，维护交通秩序；③开展宣传教育，增强交通参与者的交通安全意识；④运用现代管理学的知识，完善管理环节，增强道路交通协调和控制的能力。

在日常生活中，交通警察最重要的任务就是预防和查处交通违章、交通肇事，保障道路交通安全和畅通，制止违法犯罪活动，维护道路治安秩序。交通警察执法的依据主要是《中华人民共和国道路交通安全法》《中华人民共和国道路交通安全法实施条例》《道路交通事故处理程序规定》《中华人民共和国机动车驾驶证管理办法》《机动车登记工作规范》《道路交通安全违法行为处理程序规定》等。

交通警察帮助老奶奶过马路

七、交通警察的指挥有什么含义

交通警察的指挥是一种特殊的交通信号，也是一种动态的、灵活的交通引导方式，它可以根据道路交通实际情况，灵活地引导、指挥交通，保障道路交通安全、畅通。比如当举办重大体育或文艺活动（如奥运会期间）、进行某项群众性活动（如长跑、火炬传递等）、国家领导人乘坐的车辆正通过道路时，特别是当遇到交通信号灯因故短时间内不能正常使用时，交通警察的指挥便尤为重要。

① 交通警察指挥的优先性

交通警察的指挥是道路交通信号的一种，但又与交通信号灯、交通标志和交通标线等交通信号设施有区别。交通警察的指挥具有优先其他交通信号的特点。也就是说，有交通警察在现场指挥道路交通的情况下，车辆和行人应当遵照交通警察的现场指挥通行。

② 交通警察指挥的手势信号

交通警察指挥的手势信号原来一共有11种，2007年10月1日起，新的交通警察手势信号开始在全国施行。新的交通警察手势信号，由原来的11种减少到8种：即停止信号、直行信号、左转弯信号、左转弯待转信号、右转弯信号、变道缓行信号、减速慢行信号、示意车辆靠边停车信号。

新的交通警察手势信号增强了指挥的实用性，提高了交通警察的指挥效能，有利于保障道路交通的安全畅通，有利于树立交通警察良好的执勤执法形象。新的交通警察手势信号简化了"直行信号""左转辅助信号""左转弯待转信号""减速慢行信号"中交通

交通警察的训练

警察的头部动作，简化了原"前车避让后车信号"的动作，并将其修改为"变道信号"，使手势信号更加简洁明了，提高指挥效能。施行新修订的交通警察手势信号还对使用指挥棒指挥行为提出了明确的要求，规定交通警察在夜间及雨、雪、雾等光线较暗或者照明条件较差等天气条件下执勤时，可以用右手持指挥棒按照手势信号指挥交通，明确了指挥棒指挥交通的法律效能。

3 · 解读新八种手势信号

现将新的交通警察手势信号做如下介绍。

（1）停止信号。

左臂由前向上直伸，手掌向前，目光平视前方。示意不准前方车辆通行，但已越过停止线的车辆，可继续通行。

（2）直行信号。

左臂向左平伸与身体呈90°，手掌向前，面部及目光同时向左转45°；右臂向右平伸与身体呈90°，手掌向前，面部及目光同时向右转45°；右臂水平向左摆动，与身体呈90°，小臂弯曲至与大臂呈90°，小臂与前胸平行，面部及目光向

左转45°；右臂重复摆动。示意准许左右两方直行的车辆通行。各方右转弯的车辆在不妨碍被放行车辆通行的情况下，可以通行。

交通指挥

（3）左转弯信号。

右臂向前平伸与身体呈90°，面部及目光向左方转45°，手掌向前，左臂与手掌平直向左前方摆动，手臂与身体呈45°；左臂重复摆动。示意准许车辆左转弯。在不妨碍被放行车辆通行的情况下可以掉头。

（4）左转弯待转信号。

左臂向左平伸与身体呈45°，掌心向下，面部及目光同时转向左方45°；左臂与手掌平直向下方摆动，手臂与身体呈15°，面部及目光保持目视左方45°，完成第一次摆动，重复以上动作完成第二次摆动。示意准许左方左转弯车辆进入路口，沿左转弯行驶方向靠近路口中心，等待左转弯信号。

（5）右转弯信号。

左臂向前平伸与身体呈90°，面部及目光向右方转45°，手掌向前，右臂与手掌平直向右前方摆动，手臂与身体呈45°；右臂重复摆动。示意准许右方的车辆右转弯。

交通暂缓手势

（6）变道缓行信号。

面向来车方向，右臂向前平直与身体呈90°，掌心向左，面部及目光平视前方；右臂向左水平摆动与身体呈45°，完成第一次摆动；重复摆动。示意车辆变道，减速慢行。

（7）减速慢行信号。

右臂向右前方平伸，与肩平行，与身体呈135°，掌心向下，面部及目光同时转向右方45°；右臂与手掌平直向下摆动，手臂与身体呈45°，完成第一次摆动；重复摆动。示意车

辆减速慢行。

（8）示意车辆靠边停车信号。

面向来车方向，左臂由前向上直伸，与身体呈135°，掌心向前，右臂向左水平摆动与身体呈45°，完成第一次摆动；重复摆动。示意车辆靠边停车。

八、交通志愿者是什么

谈到交通志愿者，首先要对志愿者有一定的了解。

1 志愿者的定义

关于志愿者的定义，联合国规定"不以利益、金钱、扬名为目的，而是为了近邻乃至世界进行贡献活动者"。其意思是指不为获得劳动报酬的情况下可以主动承担社会责任而不关心报酬，奉献个人的时间及精神的人可被称为志愿者。而中国则是这样定义志愿者的，即："自愿参加相关团体组织，在自身条件许可的情况下，在不谋求任何物质、金钱及相关利益回报的前提下，合理运用社会现有的资源，志愿奉献个人可以奉献的东西，为帮助有一定需要的人士，开展力所能及的、切合实际的，具一定专业性、技能性、长期性服务活动的人。"

在第二次世界大战之后，福利主义主张制定志愿者制度。其实，自古以来，志愿者一直存在。在古时候，志愿者的雏形是赠医施药。西方志愿者起源的重要概念基于罗马时代的博爱精神和基督教的宗教责任及救赎观念，人们可以通过做义工来表现出自己对他人的爱和对宗教善文化的弘扬。确定志愿者制度是为了弥补政府对社会支援的不足，它能结合各种力量对社会有需要的人提供服务。

如今，志愿者活动已经遍布大街小巷，很多人都在用自己的方式奉献着爱心。自然而然，志愿者的种类也是越来越多。

交通志愿者正在维护交通

② 交通志愿者在行动

走在马路上你会发现很多穿着红马甲、戴着小黄帽、手拿交通指挥旗的人在维持交通秩序，对于行人出现的一些不文明行为，他们会上前劝阻。他们虽然不是交通警察，但却为广大市民忙碌着，只为市民可以方便出行。虽然没有报酬，但在他们看来，最大的报酬就是行人的尊重和安全。他们就是交通志愿者。

与其他志愿者相比，交通志愿者有很多"个性"，他们的工作场所在城市汽车尾气最多、交通事故易发的十字路口；他们的工作环境是露天的，遭受风吹、日晒、雨淋。然而，就算是这样艰苦的条件，很多人仍愿意投身其中。这些交通志愿者的存在让城市的不文明交通行为越来越少，他们净化了城市交通环境。

交通志愿者是非常辛苦的

九、十种交通警告标志你知道吗

警告标志是警告车辆、行人注意危险地点及应采取措施的标志。驾驶员在一条不熟悉的道路上行驶，可能不知道行驶前方是否存在潜在危险。警告标志的作用就是及时提醒驾驶员前方道路的变化状况，在到达危险点以前有充分的时间采取必

交通信号与交通标志

要行动，以确保行车安全。

警告标志的颜色为黄底、黑边、黑图案，其形状为等边三角形，顶角朝上。

常见的警告标志可以分为下列各类：

1 交叉路口标志

用以警告车辆驾驶人谨慎慢行，注意横向来车。设置在视线不良的平面交叉路口驶入路段的适当位置。

"T"形交叉路口标志

2 急弯路标志

用以警告车辆驾驶员减速慢行。设置在计算行车速度小于60 km/h，平曲线半径等于或小于道路技术标准规定的一般最小半径，及停车视距小于规定的视距所要求的曲线起点的外面，但不得进入相邻的圆曲线内。

3 反向弯路标志

用以警告车辆驾驶人减速慢行。设置在计算行车速度小于60 km/h，两相邻反向平曲线半径均小于或有一个半径小于道路技术标准规定的一般最小半径，且圆曲线间的距离等于或小于规定的最短缓和曲线长度或超高缓和段长度的两反向曲线段起点的外面，但不得进入相邻的圆曲线内。

4 双向交通标志

用以提醒车辆驾驶员注意会车。设置在由双向分离行驶

进入因某种原因出现临时性，或永久地不分离双向行驶的路段，或由单向行驶进入双向行驶的路段前的适当位置。

⑤ 注意信号灯标志

用以提醒车辆驾驶员注意前方路段设有信号灯。设置在驾驶员不易发现前方为信号灯控制路口，或由高速公路驶入一般道路的第一信号灯控制路口前的适当位置。

双向交通标志

⑥ 注意行人标志

用以提醒车辆驾驶员减速慢行，注意行人。设置在行人密集，或不易被驾驶员发现的人行横道线前的适当位置。

⑦ 注意儿童标志

用以提醒车辆驾驶员减速慢行，注意儿童。设置在小学、幼儿园、少年宫等儿童经常出入的地点前的适当位置。

⑧ 隧道标志

用以提醒车辆驾驶员注意慢行。设置在双向行驶、照明不好的隧道口前的适当位置。

隧道标志

9 **铁路道口标志**

用以警告车辆驾驶员注意慢行或及时停车。该标志有两种：一是有人看守铁路道口标志，设置在车辆驾驶人不易发现的道口前的适当位置；二是无人看守铁路道口标志，设置在无人看守铁路道口前的适当位置。

10 **注意落石标志**

用以提醒车辆驾驶员注意落石。设置在有落石危险的傍山路段前的适当位置。使用时应根据落石的不同方向合理设置。

十、交通指示标志有哪些分类

交通指示标志是指示车辆、行人按规定方向、地点行进的标志。

交通指示标志的颜色为蓝底、白图案。其形状分为圆形、长方形和正方形。

生活中常见的交通指示标志可以分为下列各类：

1 **车道行驶方向标志**

表示车道的行驶方向。设置在导向车道前的适当位置。需要时标志中的箭头可以反向使用。

2 直行标志

表示一切车辆只准直行。设置在必须直行的路口前的适当位置。有时间、车种等特殊规定时，应用辅助标志说明或附加图案。

直行标志

3 向左（或向右）转弯标志

表示一切车辆只准向左（或向右）转弯。设置在车辆必须向左（或向右）转弯的路口前的适当位置。有时间、车种等特殊规定时，应用辅助标志说明或附加图案。

4 直行和向左转弯（或直行和向右转弯）标志

表示一切车辆只准直行和向左转弯（或直行和向右转弯）。设置在车辆必须直行和向左转弯（或直行和向右转弯）的路口以前的适当位置。有时间、车种等特殊规定时，应用辅助标志说明或附加图案。

5 向左和向右转弯标志

表示一切车辆只准向左和向右转弯。设置在车辆必须向左和向右转弯的路口前的适当位置。有时间、车种等特殊规定时，应用辅助标志说明或附加图案。

向左转弯

6 **靠右侧（或左侧）道路行驶标志**

表示一切车辆只准靠右侧（或靠左侧）道路行驶。设置在车辆必须靠右侧（或靠左侧）道路行驶的地方。有时间、车种等特殊规定时，应用辅助标志说明。

7 **单行路标志**

表示一切车辆单向行驶。设置在单行路的路口和入口的适当位置。有时间、车种等特殊规定时，应用辅助标志说明或附加图案。

8 **立交行驶路线标志**

表示车辆在立交处可以直行和按图示路线左转弯（或直行和右转弯）行驶。设置在立交桥左转弯（或右转弯）出口处的适当位置。

9 **环岛行驶标志**

表示只准车辆靠右环行。设置在环岛面向路口来车方向的适当位置。车辆进入环岛时应让内环车辆优先通行。

10 **鸣喇叭标志**

表示机动车行至该标志处必须鸣喇叭。设置在公路的急弯、陡坡等视线不良路段的起点。

11 最低限速标志

表示机动车驶入前方道路的最低时速限制。设置在高速公路或其他道路限速路段的起点及各立交入口后的适当位置。本标志应与最高限速标志配合设置在同一标志杆上,而不单独设置。路侧安装时,最高限速标志居上,最低限速标志居下;门架式或悬臂式安装时,最高限速标志居左,最低限速标志居右。

12 干路先行标志

表示干路车辆可以优先行驶。设置在有停车让行标志的干路路口前的适当位置。

13 会车先行标志

表示车辆在会车时可以优先行驶。与会车让行标志配合使用,设置在有会车让行标志路段的另一端。标志颜色为蓝底,对向来车为红色箭头,行进方向为白色箭头。

14 人行横道标志

表示该处为人行横道。标志颜色为蓝底、白三角形、黑图案。设置在人行横道线两端适当位置。

人行横道标志

15 步行标志

表示该街道只供步行。设置在步行街的两侧。

步行标志

第二章　　出行安全之行人走路

一、走路应注意哪些交通安全

也许有人会不解：走路怎么可能遇到交通事故？其实，如果我们不注意交通安全，就算是走路，也有可能发生非常严重的交通事故。因为，如果我们在行走时不注意交通安全，那么就很可能在无意间闯入车辆行驶的路上。要知道，行人是道路交通中的弱者，跟汽车、卡车抢路，怎么可能不危险呢？

不过也不用太担心，只要我们提高安全意识，严格遵守交通法规规定，保证自己不违反交通规则，就能远离很多交通事故。

所以大家出行必须遵守以下规定：

（1）行人在行走时必须走在人行道内，在没有人行道的地方，就要靠着道路右边行走。

（2）走路的时候，要集中精神，不要东张西望，更不要心不在焉。

过马路要走人行道

（3）行人穿越马路时必须走人行横道；通过有交通信号控制的人行横道，必须遵守信号的规定；通过没有交通信号控制的人行横道，要注意避让左右来往的车辆，并且不准在路上追逐、奔跑。通过没有人行横道的道路，必须确保安全后直行通过，且不准在车辆临近时突然横穿。

（4）在有人穿越过街天桥或地下通道的地方，必须走人行过街天桥或地下通道，不准爬马路边和路中的护栏、隔离栏，不准在道路上爬车、追车、强行拦车或抛物击车。

这样的行为要不得

（5）如果是集体外出时，最好有组织、有秩序地列队行走，不要自作主张，脱离同伴独自行动。

二、如何安全通过人行横道

1 斑马线的由来

城市街道人行横道上的一条条白线，又叫斑马线，源于古罗马时代的跳石。早在古罗马时期，庞贝城的一些街道上马车与行人交叉行驶，经常使市内交通堵塞，还不断发生事故。为此，人们便将人行道与马车道分开，并把人行道加高，还在靠近马路口的地方砌起一块块凸出路面的石头，叫作跳石，作为指示行人过街的标志。行人可以踩着这些跳石慢慢穿过马路。马车运行时，跳石刚好在马车的

斑马线上的小松鼠

两个轮子中间。后来，许多城市都使用这种方法。19世纪末期，随着汽车的发明，城市被越来越普及的车辆占据，而人们又在街道上随意横穿，阻碍了交通，从前的那种跳石已无法避免交通事故的频频发生。幸而，20世纪50年代初期，英国人在街道上设计出了一种横格状的人行横道线，规定行人横过街道时只能走人行横道，于是伦敦街头出现了一道道赫然醒目的横线，这些横线看上去像斑马身上的白斑纹，因而人们称它为斑马线。司机驾驶汽车看到这一条条白线时，会自动减速缓行或停下，让行人安全通过。

② 走人行横道有法律可依

　　行人在横穿马路时会与在机动车道上行驶的车辆产生交叉，极易造成交通事故。我们要注意横穿马路时不能斜穿猛跑，因为车辆高速行驶，突遇行人乱穿马路会因躲闪不及或车辆制动距离过短等原因造成交通事故，所以横穿马路时，我们一定要走人行横道、人行天桥或地下过街通道。小朋友过马路

时要"先看左，后看右，确保安全再通过"。

《道路交通安全法》第六十二条规定："行人通过路口或者横过道路，应当走人行横道或者过街设施；通过有交通信号灯的人行横道，应当按照交通信号灯指示通行；通过没有交通信号灯、人行横道的路口，或者在没有过街设施的路段横过道路，应当在确认安全后通过。"

③ 走人行横道的学问多

走人行横道虽然要安全得多，但也不是绝对的，这里面的学问可多着呢！接下来我们一一学习。

（1）先观察再穿行。

人行横道是行人享有"先行权"的安全地带。在这个地带，机动车的行驶速度一般都要减慢，驾驶员也比较注意行人的动态。交通法规规定，行人在人行横道上有优先通行权，机动车是借道通行。但我们不能因为这样就不看路况，直接就迈步走上人行横道。因为许多司机并没有减速慢行的意识，总爱抢先通行，所以即便是过人行横道，我们也要做到先看左，后看右，确保安全再通行。

穿越斑马线前应该左右看一下

（2）不抢时间，不抢路。

通过有交通信号灯的人行横道，应当按照交通信号灯的指示通行。红灯亮起时表明行人可以通行，这时我们要抓紧时间一次性通过，若行至路中遇绿灯，我们应主动在路中安全地带等候。不要在黄灯亮起时通行，不要为了抢时间在最后短短的几秒钟通过，要做到"宁等三分，不抢一秒"。

通过没有交通信号灯的人行横道，行人要注意观察左右两侧车辆，确认安全后直行通过，不得在车辆临近时突然加速横穿或者中途倒退、折返。遇到车辆不让行时，不要因为有优先过路权而强行通过，应等无车辆通行后再通过。

（3）推车过路更安全。

骑自行车横过机动车道时要下车推行，因为法律有规定，驾驶非机动车在路段上横过人行横道，应当下车推行。

（4）其他。

走人行横道时也要靠右边走，这样可以避免一些来不及刹车的车辆超出停车线造成的伤害。另外，在人行道上不要几人并行，一是互相牵绊不利于快速通行，二是靠近汽车一方的人危险较大。

三、边走路边打电话有什么危险

假如你想在走路的时候打电话或是听音乐，一定要注意周围的环境，也就是说，观察周围有没有可疑的人物。如果马虎大意的话，就很有可能被抢电话或背包。为了不让犯罪分子有可乘之机，最好不要在走路时打电话。

如果你回家需要坐公交车，在站台等车的时候，也要多多注意自己周围的人。不要太过专注于打电话或发短信，不然

就无法注意到旁边的人，而且专注于手机的这种做法容易被他人偷听电话内容从而泄露个人的隐私。

① 边走路边打电话易被抢劫

同学们在路上走的时候，务必要注意和可疑的陌生人保持一定的距离。千万不要一个人独自穿越地形复杂、僻静、无照明条件，并且治安状况差的路段。如果一定要过这一路段时，务必以最快的速度通过。

在马路上边走路边打电话的人，往往十分容易被人抢劫。一般情况下，人们在打电话的时候，基本上没有什么防备之心。因此，如果你的电话实在是非常重要，必须打的话，最好还是停下来，找一个地方倚墙而立打电话。

② 边走路边打电话易发生危险

走路的时候打电话或发短信，很容易使人分心，因为这样撞到路边的汽车或电线杆而进医院的案例不在少数。这种情况造成的后果，一般都是脑震荡、踝关节扭伤，严重者甚至骨折。这些人不仅在身体上遭受了创伤，而且在心灵上也同样承受伤痛。这就属于低级错误，导致自尊心与肉体的双重伤害。

无法否认的是，边走路边

尽量不要边走路边打电话

打电话的情况，通常都是难以避免才发生的，如电话的另一头可能是你的妈妈或是爷爷、奶奶，他们担心你，想了解你现在的情况。即便如此，你也千万不要拿生命和健康开玩笑，一定要学会珍惜生命。

③ 边走路边打电话增强辐射

　　边走路边打电话的时候，受到的辐射往往也特别大。经过研究发现，大部分人在使用手机的时候都存有一些误区，其中最重要的就是打电话时喜欢走来走去，或是在角落里接听电话等。这样频繁地移动位置往往会造成手机信号产生强弱起伏的情况，致使手机不停地向发射站传送无线电波，从而加大了手机的辐射量。同样一个道理，当你在角落里打电话的时候，也会因为信号比较差而使手机功率加大，这样出现的辐射强度也必然会增大，让人受到更强的辐射。

马路上行走时不要使用手机

四、为何说出行时要有个好心情

想要安全出行，拥有一个好的心情是十分重要的。为了让自己可以安心行走，保证路上的安全，第一要做的就是不带坏情绪行走。如果在行走之前，你的心情非常不好，那么就一定要给自己适当"减压"，不然的话，坏情绪很可能会影响到你的安全。

如果在路上你总是想着不好的事情，而且还越想越生气，那么走着走着一个不留神或许就会踩上石子或是踩进水坑，严重的时候还会撞到前面的路牌或是路边的汽车等。一般来说，这种特殊情况一旦发生，大脑往往来不及反应。对于心情不好的人来说，由于他们很容易陷入胡思乱想之中，使心神分散，那么在这种情况下就极易发生一些完全可以避免发生的事故。

心理学家指出，要想在路上更安全地行走，一定要忌愤怒、烦躁、焦急等不良的心态。这些心理状态之所以形成，主要是因为生活中一些不顺心的事情。面对这些不好的事情，人们需要有宽广的胸怀，尽可能不去计较那些令你烦心的琐事。事实上，保持一个良好的心态，可以帮助你更加顺利地解决问题。

我们都知道，无论做什么事情，只要专心致志地去做，效果往往是非常惊人的。同样一个道理，走路也是如此。走路从表面上看起来似乎十分简单，事实上却不允许你有丝毫的大意。假如你在行走的过程中总是想些不开心的事情，这样只会使你的情绪越来越烦躁，导致你注意不到身边正在发生的事情。这就好像是你一边走路一边专注地思考着一个问题，突然有一个人拍了一下你的肩膀，你一定会被吓一跳的。所以，在行走过程要避免以下行为：

① 与他人争吵

在与朋友一起回家的时候，无论你们是步行还是骑自行车，都最好不要在回家的路上相互争吵。争吵是一件非常不好的事，它会让你们在很短的时间内就火冒三丈，从而很容易发生抢道、碰撞等事故。人一旦激动起来，就会很难控制自己，很容易做出一些冲动的举动；如果是在公路上的话，就极易酿成车祸。

② 与他人斗气

在路上行走或驾车出行时，要避免和其他不认识的人发生斗气的行为。有的人争强好胜，好勇斗狠，倘若有人骑车超过了他，他便不服气，于是进行反超。事实上，这种行为是十分幼稚的。假如路面很窄的话，你超车，这时对面又正好来了一辆大卡车，此时你的处境就十分危险了。

心态平和在桥上看景

五、为什么不要翻越护栏

现实生活中，很多人为了方便、赶时间等，经常翻越护栏。而我国法律有明确的规定，行人翻越道路护栏而导致事故发生的，行人应该负全部责任。

《中华人民共和国道路交通安全法》第六十三条规定："行人不得跨越、倚坐道路隔离设施，不得扒车、强行拦车或者实施妨碍道路交通安全的其他行为。"

《中华人民共和国道路交通安全法实施条例》第七十五条规定："行人横过机动车道，应当从行人过街设施通过；没有行人过街设施的，应当从人行横道通过；没有人行横道的，应当观察来往车辆的情况，确认安全后直行通过，不得在车辆临近时突然加速横穿或者中途倒退、折返。"

这样的穿越更危险

六、如何安全通过没有红绿灯的路口

在车流交错的路段，本应设置红绿灯却没有设置，人们除了要向交管部门反映之外，在没有红绿灯的情况下，也要更加注意自己的通行安全。在没有红绿灯的人行横道，人们应如何通行？是在人行横道内快速走过还是跑步快速通过？是示意机动车让行后直行通过还是在两面无来车、确认安全时从人行横道内通过？

没有红绿灯的路口

① 以"让"为主

如果人行横道没有交通信号灯，就看看附近有没有人行天桥或者是地下通道，毕竟有车通行的地方就可能存在危险。如果这些都没有，我们又不得不穿过车流量大、车速快的公路或街道时，要走人行道，因为没有红绿灯，所以要以"让"为主。不能斜穿猛跑，要避让过往车辆，不要在车辆临近时抢行或突然跑过，以防驾驶员反应不过来而发生交通事故。

② 打手势或结队过马路

如果车流没有停下来的意思，你又很急的话，可以打手势，示意司机"我要过马路了"，这样司机就会提前有个心理准备，车速就会减缓，这时你就可以通过马路，但一定不能跑。你也可以同许多大人一起结队过斑马线，这样比较放心。如果自己已经落队，就要收住脚步，等待下一拨横过马路的"团队"。

组团过马路

七、如何穿越铁道口

火车行驶速度快，而且不会像汽车那样遇到行人会及时停下。因此，铁路轨道上是禁止行人行走的，更别说是儿童。如果不得已要通过铁道，那也要选择允许穿越的铁道口，在工作人员的指挥下安全通行。

1·允许穿越的铁道口

在允许穿越的铁道口，工作人员会操纵铁道口栏杆和信号灯指挥车辆、行人通行。一旦铁道口栏杆关闭，红灯交替闪烁，音响器或看守人员提示停止行进时，要根据指示依次停在停止线外，在未设停止线的地方要停在距最外侧铁轨5 m以外的地方等候。铁道口两个红灯亮，表示火车已近或已到道口，这时一定不能抢行。

为什么当火车通过铁道口时，要站在离铁轨5 m以外处？因为离火车太近，快速行驶的火车产生的风力可将人卷进轨道里，很危险。

2·铁轨上的行为禁忌

①切记不要在铁轨上行走、坐卧和玩耍，否则很可能因为列车快速驶来无法避让，发生危险；②不要攀爬停下的列车，也不要在车下钻来钻去，以防摔伤或列车突然启动时发生危险；③通过无人看守的铁道口时，须停车或止步观望，确认左右方向均无火车驶来后方可通过；④雪雾天气更不可在铁路上行走，一是路滑，二是雪雾天气人的视野会缩小很多，不易发现驶来的火车；⑤不允许在铁路轨道上放置小刀等物品，否则很可能发生重大事故。

第三章　出行安全之空中交通

一、飞机遵守"交通规则"吗

　　和地面上的交通一样，天上也需要有一套交通规则，用来规范驾驶员的驾机行为。同时还设有空中交通管制员执行管理任务，从而创造一个安全、有序、高效率的空中交通环境。

1　飞行规则

　　空中的交通规则又叫飞行规则，是借鉴地面交通规则的经验而制定的。空中交通规则的核心目的是要保障飞机上人员和飞经区域的地面群众的人身和财产安全。

　　飞行规则可以分为通用飞行规则、目视飞行规则和仪表飞行规则三个部分，通用飞行规则是各类飞机共同遵守的基本规则，它有着以下要求：没有经过特殊允许，飞机决不能在居民密集区域上空飞行，也不能从机上向下抛任何物体。为了防止相撞，规定飞机在相对飞行相遇时，各自向右转躲避对方；航向相同的飞机，如果想要超越前方的飞机，后面的飞机就要改变高度或从右侧超越。航向不同的飞机在空中交汇时，左方的飞机要为右面的飞机让路。

② 空中交通管制员

　　被称为空中"交通警察"的空中交通管制员，不像在陆地上执勤的警察那样可以在十字路口等面对面地指挥汽车司机，他们主要靠飞机报告的所在位置和控制飞行的时间间隔来指挥飞机。因此，在通用飞行规则中，就要求在航线上飞行的飞机事先要提供飞行计划，被批准以后，飞机才能被放行。在飞行时不仅要得到交通管制员的许可，而且还要在规定的报告点向管制员报告飞经的时间、飞行高度等。由于对时间的控制是空中交通管制的基础，所以空中交通体系要求飞机和管制塔台都统一使用协调时间，以保证空中交通管理的精确度。

二、飞机有哪些安全救生设施

　　由于飞机飞在天上，所以它不能像其他交通工具那样可以中途停下来进行修理，一旦出现问题，后果是不堪设想的。所以，为了将事故的发生率降到最低，应提前做好应付突发事故的安全救生设施。因为民航机的事故多发生在飞机的起飞和着陆阶段，所以，现代民航客机上的救生设施通常用于紧急迫降情况。这些设施包括应急出口、应急滑梯、救生艇、救生衣、灭火设备、应急供氧……

① 应急出口

　　民航客机上的应急出口可以确保飞机在紧急迫降时乘客

和机组员能够迅速安全地撤离飞机。通常来说，应急出口在飞机机身的前、中、后段都有，而且有醒目的标志，在这些应急出口处还有救生滑梯和应急绳索。在情况紧急，飞机需要迫降的时候，乘客只要迅速打开应急出口，有秩序地撤离飞机，便不会有生命危险。

② 救生滑梯

因为现代大型客机的机舱门通常离地有三四米高，所以为了保证在意外发生的时候，旅客可以迅速撤离，每个应急出口和机舱门都备有救生滑梯。救生滑梯是由尼龙胶布胶接而成的，平时折叠好后放在门上专用箱内，上面写有"救生滑梯"字样。救生滑梯的使用方法是：滑梯的一端挂在客舱地板的专用钩上，再将舱门打开，救生滑梯便会自动充气鼓胀，变得十分有弹性，此时，旅客们就可以顺滑梯滑至地面而不会受伤。

应急滑梯

③ 灭火设备

为了防止意外的发生，所有民航客机上都备有各种灭火设备，如干粉灭火器、泡沫灭火器……使用它们可以及时消灭隐患。

④ 应急供氧

在高空中，空气就会变得稀薄，气压和气温都较低，在这种环境中，人是无法正常生存的。为了防止意外发生，现代客机上还备有应急供氧设施，每个旅客座位上方都有一个氧气面罩储存箱，一旦舱内气压值过低威胁乘客生命安全的时候，氧气面罩便会自动脱落，此时，乘客需要拉下并戴好。

⑤ 救生艇

救生艇就是当飞机迫降在水面时应急脱离飞机所使用的充气艇。在平时不需要的时候，救生艇不充气，并且折叠包装好以后存放在机舱顶部的天花板内。如果出现要使用的情况则需要立即取出并充气使用。根据飞机的载客数量，携带一定量的救生艇，若飞机迫降在水面，也可以用救生滑梯代替救生艇使用。

⑥ 救生衣

救生衣是飞机在水面迫降后，供单人使用的水上救生器材，可以确保紧急情况下旅客在水中的安全。救生衣放在每个旅

飞机救生衣

客的座椅下，其上标有使用说明，同时，在飞机上乘务员也会给旅客做示范。

7 其他设施

除了上面提到的一些救生设备，在现代民航客机上还有其他一些设施，如用于紧急呼救的应急救生电台及自动发报的呼救装置；用来救治伤员的急救药箱。另外，还有一些应急照明、食物、饮料……

三、乘飞机应注意哪些事项

一般来说，乘飞机要注意的事项包括以下三个方面：一是登机前候机过程的安全；二是登机后在机舱内的安全；三是到达目的地下飞机出机场的安全。

1 登机前的注意事项

（1）提前去机场。

这是乘坐飞机的基本要求。一般来说，国内航班要求提前2 h到达，国际航班需要提前4 h到达（具体以各个机场的规定时间为准），以便托运行李、检查机票、确认身份、安全检查。遇到雨、雪、雾等特殊天气时，应该提前与机场或航空公司取得联系，确认航班的起落时间。

携带的行李要符合飞机的安全要求，上机时不得违规携带有碍飞行安全的物品。行李要尽可能轻便。手提行李一般不要超重、超大，其他行李要托运。在国际航班上，对行李的重量有严格限制，一般为20～40 kg（不同票价座位等级有不同的规定）。如果行李超重，要按一定的比价收费。对于乘客所携带的液体物品的数量，航空公司有严格的限制。当需要携带过多的饮料、酒等物品时，请提前与相关部门确认。

任何乘客均不得携带枪支、弹药、刀具以及其他武器，不得携带一切易燃、易爆、剧毒、放射性物质等危险物品。应将金属的物品装在托运行李中。在机场，旅客可以使用行李车来运送行李。在使用行李车时要注意爱护，不要损坏。在座位上候机时，行李车不要横放在通道内，避免影响其他旅客通行。

（2）配合安检人员检查。

乘飞机要切记安全第一，不要拒绝安全检查，更不能为了方便而从安全检查门以外的其他途径登机。乘客应主动配合安检人员的工作，将有效证件（身份证、护照等）、机票、登机卡交给安检人员查验。

放行后，通过安检门时，需要将电话、钥匙、小刀等金属物品放入指定位置，手提行李

登机安检

放入传送带。当遇到安检人员对自己所携带的物品产生怀疑时，应该表示理解，并积极配合。如果携带有违禁物品，要妥善处理，不应该扰乱机场秩序。通过安检门后，乘客应该将有效证件、机票保存好，只需持登机卡进入候机室等待即可。

（3）领取登机卡。

大多数航班都是在托运行李时由工作人员为你选择办理登机卡。登机卡要在候机室和登机时出示。如果你没有提前购买机票，须在大厅的机票柜台买票并办理登机卡。现在的电子客票基本是用有效证件到机场可以自助办理登机牌。但是，在有些小城市登机牌还需要人工办理。在旅客换完登机牌后，一定要注意看登机牌的具体登机时间。如果航班有所延误，需要听从工作人员的指挥，不能乱嚷、乱叫，造成秩序的混乱。

❷ 登机后的注意事项

登机后，乘客要根据飞机上座位的标号对号入座，并且应该尽快熟悉飞机上的环境，了解和熟悉安全通道以及救生衣、救生船、灭火栓等所在位置及使用方法。不要随意乱动飞机上的设备。经济舱的乘客不要由于头等舱人员稀少就抢坐到头等舱的空位上。在

登机后尽快对号入座

找到自己的座位后，将随身携带的物品放在座位头顶的行李箱内，贵重的物品需要放到座位的下面，自己看管好，不要在过道上停留太久。为了避免在飞机起飞和降落以及飞行期间出现颠簸情况，乘客要将安全带系好。

乘务员通常会给乘客示范如何使用氧气面具和救生器具，以防意外。飞机上要遵守"禁止吸烟"的规定，同时还要禁止使用移动电话、收音机、便携式电脑、游戏机等电子设备。

③ 下飞机的注意事项

下飞机、提取行李、出入机舱都要讲秩序，不要争抢，不可拥挤。要等飞机完全停稳后再打开行李箱，带好随身物品，按次序下飞机。飞机未停稳前，不可起立走动或拿取行李，以免摔落伤人。

在所有交通工具中，飞机是最舒适、档次最高的一种交通工具。在乘坐飞机时必须认真遵守各项乘机礼仪和注意事项。在维护乘机安全的情况下，严格要求自己，保障自己和他人的飞行安全。

飞机未停稳时不要拿行李

四、飞机突发空难怎么办

① 牢记有序逃生

在空难发生后，要保持冷静，必须听从乘务人员的指挥，不要乱喊乱叫，将恐惧情绪蔓延，也不要四处乱跑，否则会出现逃生口被堵死或是踩踏情况，那么逃生机会就会变得更加渺茫了。就算情况非常危急，也要做到有序逃生。通常在飞机起飞前，乘务人员就会给乘客讲解怎样逃生，安全出口在什么地方等，这时作为乘客，一定要注意听讲，把乘务人员的话记牢。突发紧急状况时，要从距离自己最近的安全出口处逃生，在逃生过程中要避开烟、火等。

② 飞机坠毁后的逃生方法

不要认为飞机一坠毁就没有生存的希望了，有很多人都是在飞机坠毁后逃生的，所以要坚信自己能够活下去。在飞机坠毁以后，倘若出现烟和火，就证明乘客必须要在两分钟内进行逃离，时间非常短暂，所以要抓紧时间。倘若飞机是坠毁在陆地上，要逃到距飞机残骸200 m以外的地方。当然，也不要逃得太远，否则救援人员很难寻找到你。要是飞机坠毁在海面上，这时乘客就要尽全力游着离开飞机残骸，游得越远越好，因为坠落后的飞机残骸，很有可能会发生爆炸，但也有可能沉入水底，在飞机下沉时残骸会带动海水形成漩涡，如果你离得很近的话，很容易被吸进去。

飞机事故损失往往很大

3 · 飞机迫降后的撤离

如果飞机可以紧急迫降成功，正常情况下人们可以从救生滑梯撤离，在撤离时的姿势应该是手轻握拳头，将双手交叉抱臂或是双臂平举，然后再从舱内跳出来。落在救生滑梯内时，双腿和后脚跟要紧贴梯面，这时手臂的姿势保持不变，最后弯腰收腹直到滑落梯底，再迅速站起跑开。对于年龄尚小的儿童，或者是年纪较大的老人与孕妇，也采取同样的姿势坐救生滑梯下飞机。对于抱着孩子的乘客，一定要把孩子抱在怀中，注意要抱紧，然后坐救生滑梯下飞机。身体有伤残情况的乘客，要有协助者一起坐救生滑梯离开。

五、乘坐飞机时身体不适怎么办

1. 晕机用三个方法应对

晕机与晕车、晕船有相近的症状。通常来说，造成晕机的原因有很多，如飞机颠簸、起飞、爬高、下降、着陆、转弯，心情紧张，身体不适，过度疲劳……鉴于这种情况，大家在乘机之前的头一天晚上一定要保证充足的睡眠，只有这样才能保证充沛的精力。

晕机药

如果晕机，乘客还可预先在换登机牌时向服务员说明，尽可能选择颠簸度较小的座舱中部位置。

另外，在登机之前可以选择性地服用晕机药，这样也可以很好地预防。

2. 耳鸣时可咀嚼东西

根据一些专家介绍，我们了解到，一些乘客在乘坐飞机的时候经常出现耳朵不适的情况，如耳内闷胀、听力下降、耳痛及耳鸣等。在飞机飞到一定高度的时候，因为外界气压比较低，中耳内的气压大于大气压，这就导致鼓膜外凸，耳朵就会有胀满的感觉，进而使听力下降。在飞机下降的时候，因为鼓室内的压力低于大气压，鼓膜内陷，会导致耳鸣和耳朵疼痛。

对于这种情况，乘客可以通过吃东西来咀嚼或者是吞咽，从而使咽鼓管在鼻咽部的开口开放，空气能够自由进出鼓室，这样就可以保证鼓室内外气压平衡，促进鼓膜恢复或保持正常，耳鸣问题也就不会出现了。

在飞机上咀嚼糖果可以减轻耳鸣

③ 消除紧张心理

有些乘客因为之前没有坐过飞机，所以难免有紧张之感。那么，如何消除紧张心理呢？首先要主动地放松自己。其次，要降低自我关注的程度，转移注意力，一旦降低了自我关注程度，紧张之感也就消失了。

六、哪些患者不适合乘坐飞机

一般来说，患有下列疾病者不适宜乘飞机旅行。

① 心血管病患者

即患有重度心力衰竭、心肌炎愈后一个半月内曾发生心肌梗死，以及近期心绞痛频繁发作者。

② 精神病患者

如患有狂躁型精神病、癫痫频繁发作者。

③ 呼吸道疾病患者

如患有严重的哮喘、开放性肺结核、肺气肿，以及做完胸腔手术未满三周者。

④ 胃肠道疾病患者

如患有消化道溃疡伴有出血、食管静脉曲张、急性胃肠炎，以及做完腹部手术未满两周者。

⑤ 五官疾病患者

如患有严重的中耳炎伴有耳咽管阻塞、严重的鼻窦炎伴有鼻腔通气障碍，以及做完眼科或耳鼻喉科手术未满两周者。

⑥ 造血系统疾病患者

如患有重度贫血者。

⑦ 其他人

如传染病尚在隔离期内的患者。

如果乘客的体内安装了心脏起搏器，在接受安检的时候一定要提前向安检人员说明，并采取其他安检办法，否则会影响心脏起搏器的作用。

第四章　出行安全之水上交通

一、水上交通事故六大原因

水上交通事故发生的原因多种多样，对各种原因进行分析，找出其中的规律性，有利于事故调查，进而对水上交通事故采取相应措施。

1　船员条件

船员条件包括船员的知识、技能、经验、素质、生理及心理状况等。绝大多数碰撞事故是人为疏忽造成的，船员在水上交通事故中是一个十分重要的因素。另外，船长或驾驶人员的操作与技术能力、情绪、身体及心理状况均与水上交通事故有很大的关系。海难统计分析结果表明，由操船者因素直接导致的水上交通事故占总水上交通事故的78%。

2　交通条件

交通条件是指水域内船舶交通的密集程度和交通量的大小。船舶密度指某一瞬时单位面积水域内的船舶数，它反映水域中船舶的密度条件，同时还可以不同程度地反映水域中船舶

交通的繁忙程度和危险程度。交通量是交通流量或船舶流量的简称，它是表现水域内交通实况的最基本的量，其大小直接反映一个水域船舶交通的规模和繁忙程度，并在一定程度上反映

繁忙的海上交通

该水域船舶交通的拥挤和危险程度。一般的港口、河口以及海口等处交通密集，船舶密度和交通流量均很大，这些地方极易发生交通事故，特别是碰撞事故。

3 航道条件

航道的水文，如潮汐、潮流、波浪、水深等，以及航道宽度、弯曲程度等，这些都对航行有所影响，特别是在狭窄航道和交通密集的水域。

4 船舶条件

操舵及螺旋桨遥控装置、导航设备、通信设备等仪器设备是否处于良好的技术状态，以及船舶的性能等，均与水上交通安全有很大关系。

5 自然条件

气象条件对船舶航行有很大影响，雾、雨、雪及恶劣的

海上礁石

气象环境，以及热带飓风、台风、寒潮带来的强风巨浪，均是给船舶在海上航行造成不可挽回的灾难的自然因素。此外，海上礁石、浅滩及水中障碍物等也会给船舶航行带来影响。

⑥ 管理条件

随着交通运输业的发展，船舶密度和交通流量均在不断增加，有的地方甚至是急剧增加。同时，交通阻塞也经常发生，交通事故频率骤增，必须加强交通管理，如建立健全港航监督和安全管理机构；建立健全交通规则和条例；完善交通法规；增设交通信号、交通标志；经常整修航道；整顿航道秩序；加强船港之间的联络协调；采用先进的自动化管理系统等。

二、乘船出行注意哪些安全问题

船是比较安全的交通工具之一，如果在春秋季节乘船出行，说不定还可以饱览许多在平日里见不到的美景。但是有人担心乘船不安全，其实只要在乘船时注意以下事项，你就能平安地到达目的地。

① 上船时的安全事项

在选择搭乘的船只时，记住不要搭乘吃水线明显低于水位或乘客拥挤的超载船只，也不要乘坐缺乏救护设施的小船，那些无证船、人货混装船和其他简陋船只更是不能乘坐。遇到大风、大雨等恶劣天气，最好不要冒险乘坐渡船或其他小型船只。

在上船时要注意不能携带危险物品，应主动配合工作人员做好危险物品的查堵工作。如果发现有人将危险物品带上船只，要视情况采取适宜的方式督促其交给管理人员做妥善处理，或告知管理人员，最好不要直接和其发生冲突，以免自身受到损伤。

② 坐船时的安全要求

上、下船时一定要等船靠稳，待工作人员安置好上下船的跳板后再行动。上船后要听从管理人员的安排，并根据指示牌寻找自己的座位。不要拥挤打闹，更不能随意攀爬船杆、跨越舱口围板，以免发生意外落水事故。上船后要留心一下通往甲板的最近通道和摆放救生衣的位置。

江上渡轮

船航行时，不要在船上嬉闹，不要紧靠船边拍照，也不要站在甲板边缘向下看波浪，以防晕眩或失足落水。观景时不要一窝蜂地拥向船的一侧，以防引起船体倾斜，发生意外。船上的许多设备直接影响船舶的安全行驶，特别是一些救生消防措施，它们存放的位置有一定的规范，不能随意挪动。

③ 发生险情时的应对

客舱内是严禁卧床吸烟和违章用火的，如果发现有人影响到了乘客和船舶的安全，应及时向船舶负责人报告。

在船上要保持安静，不要吵闹，还要仔细听清工作人员的要求，别做任何工作人员提醒大家不能做的事。船行途中一旦发生意外事故，应按工作人员的指示穿好船上配备的救生衣，切记不要慌张，更不要乱跑，以免影响船舶的稳定性和抗风浪能力。

如果船只在航行途中遇到大雾、大风等恶劣天气临时停泊，要静心等待，禁止吵闹、要求船员冒险开航，以免发生事故。

三、发生晕船怎么办

晕船

　　在现实生活中，很多人都晕车、晕船，这是因为脑部在环境中收到错误的讯息导致的。为了保持身体的平衡，我们的器官在不断接受外界信息，并且传送到耳朵中。内耳会组织这些讯息，进而输送至大脑。在平衡系统的支配下，如果内耳所接收到的信息和眼睛所接收到的信息有出入时，人们就会出现晕车、晕船现象。

　　并不是每个人都会发生这样的情况，它因人而异。人晕船时会感到头晕、冒汗、肤色苍白、恶心，最后可能呕吐。那么如何预防和制止晕船现象的发生呢？

① 心理作用

　　其实，晕船很大部分是心理原因产生的，因为觉得自己会晕船，会呕吐，所以不断暗示自己，最终晕船了。其实，人们可以通过想象美好的事物来转移注意力。

② 睡眠充足

如果过于疲劳，晕船发生的可能性会比较大，所以，在出发之前一定要睡好觉。另外，在旅途中可以适当休息，尽量把头部固定住，千万不能过于折磨大脑。

③ 坐在前座

晕船者可以坐到船舱的前座，并注视前方或地平线。这有助于脑部协调来自身体及眼睛的讯息。如果可能的话可以当驾驶员，在这种情况下，人的眼睛必须注视前方，警觉性得到很大提高。

④ 不要长时间待在船舱

不要长久地待在船舱中，特别是那些通风条件不好的船舱。如果条件允许，要多去甲板上透气。

⑤ 勿过量饮食

在颠簸的旅途中，很多人可能无法适应，会吃一些食物。虽然餐车或者是船舱中有一些丰盛的食物，也不要过度食用。如果在船舱中并不适应，可以尝试到甲板上吹风。

⑥ 不要过量饮酒

饮酒过量容易使酒精干扰大脑处理周围环境的讯息，进而导致晕船。所以千万不可过量饮酒后乘船。

7 不要在船舱中阅读

在颠簸的船舱中看书上那些密密麻麻的字，极可能会感到头晕。如果一定要阅读，应选择在船行驶平稳，且船舱光线充足时阅读。

8 服用晕船药

如果确定自己一定会晕船，可以提前服用晕船药。服用1~2片，药效可持续24 h。

9 食用苏打饼干

虽然苏打饼干无法停止唾液分泌，但是苏打饼干中所含有的碳酸氢钠等在到达胃部之后可以吸收那里过多的液体。

10 食用糖浆

把糖浆加入矿泉水中，可帮助儿童缓解晕船。另外，加入碳酸饮料中也管用。

总之，人们可以采取一些措施来预防晕船。

11 食姜

近些年来科学研究表明，食姜可以预防晕船。因为姜可以吸收胃酸，防止恶心。

⑫ 食用橄榄及柠檬

在晕船来临的时候，人的口中会产生过量的唾液，而这些唾液滴入你的胃内，就容易恶心。食用橄榄可以使你口腔干燥。所以，在出现恶心症状的时候可以多吃橄榄或者柠檬干。

坐船前吃些橄榄可以预防晕船

四、船舶发生火灾时怎么办

客船火灾不同于陆地火灾，因此，逃生方法也有所不同。客船发生火灾时，应该根据当时的具体情况，选择适当的逃生方法，要积极地利用客船内部设施进行自救。

① 熟悉船上的环境

客船一旦发生火灾，其蔓延速度非常快，并潜伏着爆炸的危险。因为客船上可燃、易燃物品较多，再加上水上气流速度相对较快，火灾一旦发生，火势会借助风势而迅速蔓延。如果发生在机舱，那情况会更糟糕。因为机舱内机器设备、电缆线、油管线等通到船体的各个方向，所以一旦机舱失火，火焰就会顺着这些连接管线迅速向四周和船体上部蔓延。根据以往的经验，火灾一般在起火10 min内蔓延至整个船舱，所以登船后，首先应该了解救生衣、救生艇、救生筏等救生用具存放的位置，熟悉自己的周围环境，牢记客船的各个通道、出入口以

船只失火

及通往甲板的最近路径。客船发生火灾时，其内部设施如内梯道、外梯道、舷梯、逃生孔、缆绳、救生艇、救生筏等均可利用。

② 正确应对火情

当客船上某一客舱着火时，舱内人员在逃出后应随手将舱门关上，以防火势蔓延，并提醒相邻客舱内的旅客赶快疏散。若火势蹿出封住内走廊，相邻房间的乘客应关闭靠内走廊房门，从通向左右船舷的舱门逃生。

③ 跳水时莫忘安全

在万不得已要跳船时，应选择落差较小的位置，避开水面的漂浮物。一般情况下，应从船的上风舷跳下，若船体已倾

客船失火

斜，则应从船头或者船尾跳下。跳船时最好穿上救生衣，双臂交叠在胸前，压住救生衣，双手捂住口鼻，迎风跳入水中逃生。并尽可能地跳远，以防船只下沉时涡流将人吸进船底下。

五、翻船或沉船后如何自救

一般来说，只要没有选择有安全隐患的船只，上船后也没有进行危险活动，乘船是不会有什么危险的。但也并非绝对如此，风浪袭击和船员的大意都可能造成船只发生意外。这时候千万不要慌乱，要保持镇静，根据船只遇到意外的严重程度而选择得当的应急措施。

1 做好安全防范措施

不管水性好坏，船只安全与否，在出发前最好在行囊中预备一个便携式气枕或者充气式救生圈，只有"有备而来"才能"心中有数"。

上船的第一件事就是留意观察救生设备的位置和紧急逃生路径。

发现船上出现超载情况时要保持警惕，尤其是船体剧烈颠簸时，要高度戒备，换上轻装，将重要财物随身携带。

如果只是遇到风浪，船只产生晃动，记住不要站起来乱跑或倾向船的一侧，引起翻船事故，在船舱内要与其他乘客分散坐好，使船保持平衡。

进入救生艇是最好的求生方式

如果船艇撞到礁石、浮木或其他船只，这可能导致船体洞穿，但是并不一定马上下沉，也许根本不会下沉。如果有水进入船内，要听从指挥安排，配合他人全力以赴将水排出船舱。

2 跳水时不盲目

如果不得不跳水时，应迎着风向跳，以免下水后遭漂浮物的撞击。

跳水时双臂交叠在胸前，压住救生衣，双手捂住口鼻，以防跳下时呛水。

眼睛望前方，双腿并拢伸直，脚先下水。不要向下望，否则身体会向前扑摔进水里，容易使人受伤。

如果跳法正确，并且在落水前深吸一口气，救生衣会使人在几秒钟之内浮出水面。如果救生衣上有防溅兜帽，应该解开套在头上。

跳水时一定要远离船边，正确位置应该是船尾，并尽可能地跳得远一些，不然船下沉时涡流会把人吸进船底下。

3 落水后冷静自救

跳进水中后要保持镇定，既要防止被水上漂浮物撞伤，又不要离出事船只太远，以免搜救人员找不到你。

如果事故船在海中遇险，就要耐心等待救援，看到救援船只挥动手臂示意自己的位置。

如果在江河湖泊中遇险，水流不急的情况下可以很容易游到岸边；水速很快的时候不要直接朝岸边游去，而应该顺着

水流游向下游岸边；如果河流弯曲，应向内弯处游，通常那里较浅并且水流速度较慢，可以在那里上岸或者等待救援。

发生翻船事故时，要懂得木制船只一般是不会下沉的，

救生圈保证落水后安全

被抛入水中后，应该立即抓住船舷并设法爬到翻扣的船底上。在离岸边较远时，最好的办法是等待救助。由于木制船只一般救生设备简陋，所以不要轻易下水游向岸边，以免出现溺水事故。如果条件允许，可以在保证自身安全的前提下，趴在船上用手脚或其他工具拨动水面，向岸边靠近。

玻璃纤维增强塑料制成的船翻了一般情况下会下沉，但有时船翻后，因船舱中有大量空气，也可能使船漂浮在水面上，这时不要再将船只正过来，要尽量使其保持平衡，避免空气跑掉，并设法抓住翻扣的船只，以等待救助。

六、不会游泳的人落水后如何自救

对于不会游泳的人来说，落入水中是一件非常危险的事情。尤其是在心理方面，一旦落入水中，人就很容易惊慌失措，胡乱挣扎耗费体力，并且很容易因为精神紧张而抽筋。对于不会游泳者来说，掌握落水后的自救知识显得更为重要。那

落水后一定不要慌乱

么，不会游泳者落水后该如何自救呢?

① 使身体浮上水面

对于不会游泳的人来说，落水时最重要的一点就是保持冷静，落水下沉是必然的，但不一定就不会浮上来了。想安然无恙，就一定不能乱了方寸。在下沉前拼命吸一口气是能否生存的关键，要紧闭嘴唇，咬紧牙憋住气，不要在水中拼命挣扎，这时候挣扎会大量消耗体力和体内的氧气，使自己憋气的时间降低。

逐渐下沉时要在水中慢慢地调整状态，最好仰起头，使身体倾斜，保持这种姿态，就可以慢慢浮上水面。也可以尝试轻轻地用手拨水和用脚踩水，但动作不要剧烈，更不能为了急

于露出水面而拼命蹬踏，因为有时候这样会产生适得其反的效果。

水上顺利逃生

浮上水面后，不要将手举出水面，那样只会使身体受到的浮力降低，再次下沉。要将手放在水面下划水，使头部保持在水面以上，以便呼吸空气。如果有可能，最好脱掉鞋子和重衣服，寻找漂浮物并牢牢抓住，应向岸边的行人呼救，并自行规律地划水，慢慢向岸边移动。

如果落水的地方水流比较湍急，或者有暗流、漩涡这一类比较危险的情况，就尽量向水流缓慢的地方移动。像江河的弯道、大坝的进出水口等地方，也都容易出现这种危险水流，切记不要在这些地方戏水、乘船。

第五章　出行安全之道路交通

一、汽车行驶中失控怎么办

汽车在行驶时受诸多突发因素影响，往往会遇到紧急情况，使汽车失去控制。此时如何冷静地采取措施紧急避险，尽量减小事故损失，就成为每个驾驶员应知应会的内容。

① 制动突然失灵

制动突然失灵时，应想方设法尽快停车。司机应迅速脱开高档，踩一下油门抢入低档，再关小油门，利用发动机的怠速牵制作用使车速降低，同时把握好方向盘，根据"先让人后让物"的避让原则，使汽车避开危险目标，驶入路边熄火停车。若情况紧急且手制动有效，应充分利用其制动力，但不可一次拉得过猛，以防高速旋转的运动件受猛烈制动影响而损坏，丧失制动力。若前方有行人、非机动车，应用喇叭催促其让路。若下坡途中制动失灵，切不可看到道路状况良好而心存侥幸，否则车速越来越快更无法控制。这时应果断地将汽车擦靠路边的土坡、大树、岩石等天然障碍物，尽量减小事故损失。

雨雪天汽车很容易打滑失控

② 方向突然失控

方向突然失控时，汽车成了脱缰的野马，横冲直撞。这时司机应立即换档减速，并关闭发动机油门，采用缓拉手制动或用脚间歇性踏下制动踏板（点刹），使汽车尽快停下。在使用脚制动时用力不要过猛，以免导致汽车侧滑产生更大的危险。同时不管转向系统是否有效，都应尽可能将方向盘打向路边或大树等天然障碍物，以便到路边停靠脱险。切不可见路况暂时良好，心存侥幸勉强维持行驶。

③ 上坡时突然下滑

若汽车重载上坡时动力不足，或换档不成突然下滑，这时应尽快使用手、脚制动器停车，否则汽车越溜越快极难控制。若汽车后溜有危险时，应注意控制方向，避开路上的危险目标，使车尾靠向路边的山体、岩石、大树等天然障碍物，利用路边天然障碍物阻止汽车后溜。或将汽车驶入路边的农田、沙地，以缓冲并消耗汽车的惯性能量，减小事故损失。

④ 车轮悬空

（1）一侧车轮悬空。

当汽车一边的前轮或后轮驶出路肩悬空停住，车不会出现侧翻事故时，驾驶员应选择安全而又不使车辆失去平衡的地方及时离开驾驶座。然后仔细观察险情，并根据情况及时采取相应措施。如果车辆有倾覆坠崖的危险，应用绳索系住车身拴在公路旁坚固的木桩上或自然物上。如果路肩处坡度较缓，可挖削路肩，使悬空车轮落地。也可以用其他车辆顺着车头或车

汽车悬空试验

尾方向将车拖离路肩。拖离时应由有经验的人员进行指挥，缓缓拖离路肩。

（2）车身倾骑在路肩上。

汽车两轮或一轮驶出路缘，车身倾斜在路肩上时，驾驶员应从靠路面安全一侧的驾驶座或其他安全门出来。必要时，将车厢内货物由路缘外侧的一面搬到靠路中间的一侧，以增大路面上的轮胎压力，防止汽车倾覆。当车身基本稳定后，用锹刨车轮触地处的泥土，直至车身平衡能驶到路面为止。在车身平衡前，不可冒险开动车辆，以防发生翻车事故。

5 车灯突然熄灭

夜间行车若车灯突然熄灭，应立即打开示宽灯或驾驶座顶灯，将车驶向路边。若所有灯光均不亮，应记住车灯熄灭前所观察到的路面状况，稳稳地掌握住汽车行驶方向并尽快停车，切勿乱打方向盘。停车后，应就地取材，利用手电筒、烛光或白色衣物设置警告标志，以防与来往车辆碰撞。若故障一时不能排除，又亟须赶路，可借助月光（月光下路况的判断概括为：亮水白路黑泥巴）和行道树，并多按喇叭示警，缓缓驶向修理点。

二、行车时遇到恶劣天气怎么办

据统计，在雾、雨、雪、沙尘、冰雹等恶劣天气情况下行车，交通事故的发生率是晴好天气的3~4倍，相比之下高速公路上的交通事故发生率会更高，且更易发生恶性（群死、群伤）交通事故。驾驶员行车时遇到雾、雨、雪、沙尘、冰雹等恶劣天气，应注意下列事项：

1 集中精力驾驶

行车遇到雾、雨、雪、沙尘、冰雹等恶劣天气时，驾驶员一定要集中精神、谨慎驾驶、正确操作车辆、正确控制车速和车距。

2 减慢车速

除高速之外的道路上，遇到雾、雨、雪、沙尘、冰雹，能见度在50 m以内时，机动车最高行驶速度不得超过30 km/h，其中拖拉机、电瓶车、轮式专用机械车不得超过15 km/h。

3 高速公路的特别规定

机动车在高速公路上行驶，遇到雾、雨、雪、沙尘、冰

大雾中行车要特别小心

雹等低能见度气象条件时，应当遵守下列规定：①能见度小于200 m时，开启雾灯、近光灯、示廓灯和前后位灯，车速不得超过60 km/h，与同车道前车保持100 m以上的距离；②能见度小于100 m时，开启雾灯、近光灯、示廓灯、前后位灯和危险报警闪光灯，车速不得超过40 km/h，与同车道前车保持50 m以上的距离；③能见度小于50 m时，开启雾灯、近光灯、示廓灯、前后位灯和危险报警闪光灯，车速不得超过20 km/h，并从最近的出口尽快驶离高速公路。

三、汽车如何驶过水淹的道路

河流和湖泊旁边的道路、地势起伏道路的低洼段、容易下陷的道路（有时有标识指示）、穿过桥的低洼路段、看上去似乎比田野或农庄低陷得多的道路，最易为洪水漫溢。

大雨瓢泼或河水泛滥后道路不但被浸湿，而且铺上一层或厚或薄的泥泞，夹杂青草、树叶等，驾车驶过与驶上结冰道路无异，必须格外留神。大雨后，低洼的地方往往遭水淹。有些道路特别低陷，雨天时可能水深过膝。遇到水淹的道路，应注意下列事项：

水漫前路，应该放慢车速。

如果看着其他车辆驶过，得知漫溢的水不深，可不必停车察看。等前面的一辆车通过后，自己再慢慢驶过。

如果不知道水有多深，应该停车细察。水深淹及冷却风扇叶片，就不宜驶过，否则风扇叶片泼溅冷水到引擎上，可能使高温引擎体破裂或使火花塞导线短路。大多数冷却风扇叶片

被大水淹没的道路

离地25~30 cm，等于轮轴心的高度。

如路面呈弧形，宜循弧顶轴线最浅的部分驶过去。

用一档或二档慢驶，尽可能减少往引擎上溅水，同时不要让引擎停止转动。

若是手动变速汽车，踏稳油门踏板，即踏下约半程，同时轻踩离合器踏板，则在车速很慢时引擎也能稳定高速转动。

不要换档。假如改变引擎速度，水可能从排气尾管吸进去。

驶离洪水漫溢的路面后，立即试用制动器，制动器如浸湿，就刹不住车。弄干制动器的方法是，左脚轻轻踩制动踏板，断续前进。这样反复试验过，证明制动器能均匀地刹住四轮才可加速。

四、汽车落水后怎样逃生

汽车落水是频繁发生的事故之一，也是造成人员伤亡的重大交通事故之一。其实，汽车落水后，只要掌握正确的方法，逃生的概率是非常大的，关键是我们要临危不惧，学会冷静自救。

落水汽车

① 保持头脑清醒

汽车刚落水时，在车内的人员千万不要惊慌，要迅速辨明自己所处的位置，确定逃生的路线和方案。

② 调整呼吸

因为刚落水时，车内还没有完全进水，这时，保证自己的呼吸很重要，始终要将口鼻保持在水面之上，哪怕只有一点点空间，这样都会为你的自救和别人对你的营救创造时间。

③ 抓时机开车门

不要在水刚淹没车子的时候去开车门。水是顺着车门之间的缝隙往车里灌的，因此在水下的压力非常大，这时候尝试

汽车落水救援

打开车门几乎是一件不可能的事情，只有在车内快要全部被灌满水的时候——车内车外压力相对平衡的时候，才可以迅速打开车门逃生。

④ 敲碎车窗玻璃

不要在水压很大的时候去敲碎车窗玻璃。因为车窗玻璃一碎，水就会夹着碎玻璃冲向车内，对车内人员造成伤害。

⑤ 立即打开电子锁

注意在车落水后，要马上电动打开电子锁，以防失灵；或用手动方式打开电子锁，即把插销用手拨开。

6 及时熄火

汽车在落水时，最好能熄火，把车钥匙转到第一档，也就是蓄电池带电的阶段，这样可以避免发动机在使用时进水损坏。

7 事后处理汽车

汽车被打捞上来后，不要急于启动发动机，应该把汽车晾干，保持通风，对电脑等车载系统进行处理，避免因为进水过久带来更大的损失。

总之，车内人员在狭小的车内空间不要被挤压进来的恐怖水柱吓昏了头脑，应积极寻找尚存的一点点空气，保证自己的呼吸，辨别汽车的落水方向，确定从哪边出去，等时机成熟时才能一鼓作气打开车门或拿工具敲碎车窗玻璃，成功逃生。

五、汽车陷入冰雪中怎么办

汽车在冰雪中稍停后，轮胎会失去附着力，很难再开动，遇爬坡尤甚。以下的应急法，也适用于沙地。

1 车轮陷在雪地或冰面上

不要猛踏油门。这种情况下，猛踏油门使车轮打空转，只会压实雪层，更难有附着力。这样还会迫使地上的雪塞进胎面花纹内，更减低轮胎的附着力。

车轮回正，使胎面能抓牢地面。

找些东西垫在轮胎下，加强附着力，如垫子、碎石、树枝等等。

为避免车轮打空转，用三档开动，减少车轮的扭力。

轻轻踏下油门，能缓缓开动车就够了。必要时稍微踩下离合器踏板，让引擎以较高速旋转。

开动时可请同行的人帮忙推车。但要站在车侧推，以防汽车向后溜撞倒人；别走近驱动的车轮，否则车轮转动时会把雪块、污物等溅到身上；汽车启动时，不要立即停车载人或收拾工具，应先到较坚实的平路上。

冰面上的汽车

② · 陷在雪堆中怎么办

如果陷在约30 cm深的雪堆中，可把车子前后开动，压出车辙，然后驶离积雪堆。

换入一档，轻轻踏下油门，以便向前开少许，必要时稍微踩下离合器踏板，以免引擎熄灭。

如果车子无法再向前开，迅速换入倒档，缓慢倒退少许。

反复前后开动，直至驶上雪堆，离开雪沟。

如此法不行，则清扫每个车轮前的雪，再用上述办法驶离坚硬的冰雪地。

3 在冰雪上驾驶须知

轮胎要依照指示充气。倘若充气不足，就会降低附着力。轮胎胎面槽纹较阔，只要气压比平常稍高，就会更佳。

要低速行车。在冰上所需制动距离可能为平常的10倍。

低速行车时尽量减少车轮的扭力，从而避免轮胎打空转。

尽量远离前面的车辆，以免刹车不及撞上去。

加速和刹车动作都要轻柔平顺。

不要同时刹车和转向。

刹车时应一踏一放地减速，以免锁住车轮。刹车灯闪亮，也容易引起后面的驾车者警觉。

不要换档，利用引擎减速，否则会锁住车轮，导致打滑。

爬坡要避免中途停下或换档。必要时可停在坡下，等去路无阻才开车。

下陡坡时用低档慢驶，踩制动踏板必须谨慎，动作平顺。

在遍地积雪的郊野行车，轮胎可装上防滑链，增强附着力。

六、公共汽车失火时怎样逃生

公共汽车发生火灾后要想安全逃生，就要先了解公交车上的防火措施。

 公交车上的防火措施

（1）自动灭火装置。

一般安装在公交车的发动机舱、前门的电器集成。自动灭火装置能在温度超过170 ℃的危险情况下，通过高压喷淋方式灭火。

常用灭火器

（2）手动灭火装置。

主要是在车上配备干粉灭火器。驾驶员经过培训，可有效熄灭初起火源。另外，公交部门还会定期更换干粉灭火器。

（3）逃生装置。

一般公交车辆安装有两大逃生装置。一个是安放在前车厢及中门后的车窗上方的"逃生锤"，紧急情况下，乘客可用"逃生锤"击碎侧窗玻璃逃生。部分旧车没有配备"逃生锤"，可以使用钳子、扳手等，车窗上侧是敲的最佳位置。另一个是逃生应急开关，安装在爱心专座上方的风道上。紧急情况下可扳动风道上红色的应急开关，车门就会快速打开。

② 火灾发生后的逃生原则

另外，在公交车突发火灾时，车上的乘客应保持冷静，不要慌张，让车上老人、妇女、儿童先从车门下车，其他乘客则可以从车窗下车，确保有序逃生，以避免发生拥挤、踩踏等事故。

③ 正确的逃生方法

公共汽车的火灾有两个主要特点：一是火势蔓延迅速；二是人员疏散困难。所以，掌握公共汽车上火灾的扑救及正确的逃生方法就显得十分重要。其具体方法为：

公交车安全锤

（1）发动机着火时。

当发动机着火后，驾驶员应打开车门，让乘客从车门下车。然后，组织乘客用随车灭火器扑灭火焰。

（2）汽车中间着火时。

如果着火部位在汽车中间，驾驶员应打开车门，让乘客从两头车门有秩序地下车。在扑救火灾时，重点保护驾驶室和油箱部位。

（3）车门被封住。

如果火焰小但封住了车门，乘客们可用衣物蒙住头部，从车门冲下。

如果车门线路被火烧坏，开启不了，乘客应砸开就近的车窗翻下车。

（4）衣服着火了。

在火灾中，如果乘车人员衣服被火烧着了，不要惊慌，应沉着冷静地采取以下措施：①如果来得及脱下衣服，可以迅速脱下衣服，用脚将火踩灭；②如果来不及脱下衣服，可以就地打滚，将火滚灭；③如果发现他人身上的衣服着火时，可以脱下自己的衣服或用其他布物，将他人身上的火扑灭，或用灭火器向着火人身上喷射，切忌让着火人乱跑。

只有熟知了公共汽车消防安全知识，掌握了公交火灾时的逃生法则，才能在灾难来临的时候冷静处理、从容应对，才能够在危急时刻帮助他人、保全自己，才能实现公交消防的安全目标，做到"高高兴兴出门，平平安安回家"。

第六章　出行安全之交通事故

一、什么是交通事故

　　道路交通事故是指车辆驾驶人员、行人、乘车人，以及其他在道路上进行与交通有关活动的人员，因违反《中华人民共和国道路交通安全法》和其他道路交通管理法规规章造成人员伤亡或者财产损失的事故。

　　构成交通事故必须具有六个缺一不可的要素，即车辆、在道路上、在运动中、发生意外、造成意外的原因是非不可抗拒力及有后果。

① 车　辆

　　车辆包括机动车和非机动车。行人走路自己发生意外所造成的伤亡不属交通事故。

② 在道路上

　　所谓道路，即不包括厂区、校园、庭院内的道路。事故位置含义指事态发生时车辆所在的位置。

3 · 在运动中

在运动中指的是行驶或停放过程中。这里所说的停放过程应理解为交通单元的停车过程。交通单元之间静止状态的停放时间所发生的事故（如停车后装卸

交通事故

货时发生的伤亡事故）不属于交通事故；停车后溜车发生事故，在公路上属于交通事故，在货场里则不算交通事故；停放在路边的车，被过往车辆撞了发生事故，也是交通事故。所以，关键是相关车辆是否在运动中。

4 · 发生意外

发生意外指发生碰撞、碾压、刮擦、翻车、坠车、爆炸、失火等其中的一种或几种现象。如正常行驶的客运班车上的旅客，由于心脏病突发死亡则不算交通事故。

5 · 造成意外的原因是非不可抗拒力

造成意外的原因是非不可抗拒力，是指所造成的意外不是因为人力无法抗拒的自然原因，如地震、台风、山崩、泥石流、雪崩等原因造成的。行人自杀也是人力无法抗拒的，不属

于交通事故。但机件故障（转向节、前桥、横拉杆等折断）是人为原因造成的，<u>应算交通事故</u>。

⑥ 有后果

有后果指要有人、畜伤亡或财产损失，如乘员的头部与树枝碰撞发生的事故；会车时两车的乘员相碰撞致伤；汽车拖带的挂车脱钩造成的事故；汽车行驶中轮胎甩出造成的事故等均属于交通事故。没有后果的不属交通事故。

但轮胎夹的石头甩出、车轮压石头飞起、无轨电车的杆子头落下等发生事故，属于无法预测、无法防范的意外原因造成的事故，属于交通事故。

二、道路交通事故如何分类

在我国，对道路交通事故的分类主要包括以下几个方面。

① 按事故责任分类

根据交通事故的主要责任方所涉及的车种和人员，可将交通事故分为三类：机动车事故、非机动车事故和行人事故。

（1）机动车事故。

机动车事故是指事故当事方中，汽车、摩托车、拖拉机等机动车负主要以上责任的事故。机动车与非机动车或者行人发生的事故一旦发生，机动车需要负同等责任，因为机动车是交通强者，而非机动车或行人是交通弱者，因此也被认为是机动车事故。

（2）非机动车事故。

非机动车事故是指自行车、人力车、三轮车、畜力车等按非机动车管理的车辆负主要以上责任的

轻微交通刮擦

事故。在非机动车与行人发生的事故中，如果非机动车一方负同等责任，由于非机动车是交通强者，而行人是交通弱者，视为非机动车事故。

（3）行人事故。

行人事故是指行人负主要责任以上的事故。

② 按事故对象分类

按发生交通事故的对象，可将交通事故分为五类，即车辆间的、车辆与行人的、机动车与非机动车的、车辆自身的和车辆对固定物的。

（1）车辆间的交通事故。

车辆间的交通事故是指车辆之间发生刮擦、碰撞而引起的事故。碰撞又可分为正面碰撞、追尾碰撞、侧面碰撞、转弯碰撞等，刮擦可分为超车刮擦、会车刮擦……

（2）车辆与行人的交通事故。

车辆与行人的交通事故是指机动车对行人的碰撞、碾压和刮擦等事故，如机动车闯入人行道，行人横穿道路而发生的

交通事故。其中，碰撞和碾压是较为严重的事故，通常会导致行人重伤、残疾或死亡；而刮擦的后果一般相对轻些，但是如果情况严重的话，后果也是不堪设想的。

（3）机动车与非机动车的交通事故。

因为我国交通属于混合交通，所以机动车与非机动车的交通事故通常的表现是机动车与非机动车相撞。

（4）车辆自身的交通事故。

车辆自身的交通事故是指机动车因为自身原因造成的事故。例如，因为车速太快，或者是在转弯、掉头时所发生的翻车事故。另外，遇到大雾天气，很多机动车因为机器失灵而发生坠落事故。

摩托车与汽车相撞事故

（5）车辆对固定物的交通事故。

车辆对固定物的交通事故是指机动车与道路两侧的固定物相撞的事故，其中固定物包括道路上的作业结构物、护栏、路肩上的水泥杆等。

3 按事故原因分类

根据事故产生的原因不同，可将事故分成两类，即主观原因造成的事故和客观原因造成的事故。

（1）主观原因。

主观原因是指引发交通事故的内在因素，它包括很多方面，如违反规定、疏忽大意和操作不当……

所谓违反规定是指当事人因为思想方面的原因，没有按照交通法规来行驶或者行走，从而导致交通秩序混乱而发生的交通事故，如酒后开车、超速行驶、争道抢行、违章超车、超载、非机动车走快车道和行人不走人行道……

疏忽大意是指当事人由于心理或生理方面的原因，如心情烦躁、身体疲劳等，采取措施不当或不及时，没有正确地观察和判断外界事物而造成的失误。同时

被撞毁的货车车头

也包括当事人凭借自己的主观想象或者是对自己的技术有过高的估量而引起某些不当行为，最终导致了事故的发生。

操作不当是因为当事人的某种原因而造成的错误操作，如技术生疏、经验不足，对车辆、道路情况不熟悉……

（2）客观原因。

客观原因是指引发交通事故的客观不利因素，如车辆、环境、道路等方面。

4 按事故后果分类

根据道路交通事故造成的人身伤亡或财产损失的程度或数额，可将道路交通事故划分为四类，即轻微事故、一般事故、重大事故和特大事故。

（1）轻微事故。

轻微事故是指一次造成轻伤1~2人，或者财产损失不足1000元的事故。

（2）一般事故。

一般事故是指一次造成重伤1~2人，或者轻伤3人以上，或者财产损失不足3万元的事故。

（3）重大事故。

重大事故是指一次造成死亡1~2人，或者重伤3~10人，或者财产损失3万元以上但不足6万元的事故。

（4）特大事故。

特大事故是指一次造成死亡3人以上，或者重伤11人以上，或者死亡1人同时重伤8人以上，或者死亡2人，同时重伤5人以上，或者财产损失6万元以上的事故。

5 按事故发生地点分类

通常来说，交通事故发生地点是指发生事故的道路等级。在我国，公路可分为五个等级，即高速公路、一级公路、二级公路、三级公路和四级公路；城市道路可分为四个等级，即快速路、主干路、次干路和支路。除此之外，交通事故还可以根据道路交叉口和路段来分类。

关于交通事故的分类还有很多，如按伤亡人员职业类型分类；按肇事者所属行业分类；按肇事驾驶员所持驾驶证种类、驾龄分类……

三、道路交通事故有什么特点

道路交通事故具有随机性、频发性、突发性、社会性及不可逆性等特点。

1 随机性

交通工具本身是一个系统，当它在交通系统中运行时则牵涉一个更大的系统。在交通系统这样的动态大系统中，某个失误就可能引起一系列其他失误，从而引发危及整个系统的大事故，而这些失误绝大多数是随机的。

道路交通事故往往是多种因素共同作用或互相引发的结果，其中有许多因素本身就是随机的（如气候

被撞弯的公路护栏

因素），而多种因素凑在一起或互相引发则具有更大的随机性，因此道路交通事故的发生必定带有极大的随机性。

2 频发性

由于汽车工业的高速发展，车辆数量急剧增加，交通量增大，造成车辆与道路比例的严重失调，加之交通管理不善等原因，造成道路交通事故频繁，伤亡人数增多。道路交通事故已成为世界性的一大公害。

3 突发性

道路交通事故的发生通常没有任何先兆，具有突发性。驾驶员从感知危险至交通事故发生这段时间极为短暂，往往短于驾驶员的反应时间与采取相应措施所需的时间之和。或者即使事故发生前驾驶员有足够的反应时间，但由于驾驶员反应不正确而操作错误或不适宜，也会导致交通事故。

4 社会性

道路交通是随着社会和经济的发展而发展的客观社会现象，是人们客观需要的一种社会活动，这种活动是人们日常生活和工作必不可少的。在现代化的城市中，由于大生产带来的社会分工越来越细，人际的协作和交往也越来越密切，使得人们在道路上的活动日趋频繁，成为一种社会的客观需求。

5 不可逆性

道路交通事故的不可逆性是指其不可重现。事故是人、

面目全非的汽车

车、路组成的系统内部发展的产物，与该系统的变量有关，并受一些外部因素的影响。尽管事故是人类行为的结果，但却不是人类行为的期望结果。

四、交通事故的认定原则有哪些

① 行为责任原则

交通事故参与人对一起交通事故负有责任，是因其行为造成的，没有实施任何行为（含作为和不作为）的当事人不负交通事故责任。

交通事故认定是确定交通事故参与人的行为在交通事故

中所起作用即参与度的技术认定。交通警察应当根据交通事故参与人的行为对造成交通事故所起的作用及所犯过错的严重程度，确定交通事故参与人的责任。

② 因果关系原则

当事人在交通事故中的违法、违章行为，与交通事故的发生是否存在因果关系，建议交通事故参与人通过下列方法进行检验：

（1）"如果没有"检验法。

即如果没有当事人的行为，交通事故及损害结果仍会发生，当事人的行为就不是交通事故发生的必然原因。

（2）剔除法。

将当事人的行为从交通事故事实中剔除出去，交通事故仍会按原来的因果顺序和方式发生，则说明当事人的行为与交通事故的发生及损害后果之间没有因果关系。

③ 路权原则

路权原则就是各行其道原则。车辆、行人应当按照交通信号灯指示通行；遇有交通警察现场指挥时，应当按照交通警察的指挥通行；在没有交通信号灯的道路上，应当在确保安全、畅通的原则下通行。各行其道是交通安全的重要保证，是交通参与者参与交通的基本原则。现代化的交通设施给所有的交通参与者规定了各自的通行路线。然而，在当前的交通环境下，极少有绝对的"专用道"，"借道通行"依然存在。在强调交通参与者各行其道的同时，也要规范交通参与者的"借道通行"行为。在交通事故认定中应考虑下列因素。

（1）借道避让义务。

各行其道要求交通参与者必须按照法律法规规定的路线参与交通。为了合理利用有限的交通资源，在法律法规允许的条件下，交通参与者可以借道通行。法律法规明文禁止的，请不要以身试法，不然会受到法律的严惩。如机动车遇有前方车辆停车排队等候或者缓慢行驶时，不得借道超车或者占用对面车道，不得穿插等候的

行人和车辆都要服从交通指挥

车辆。在车道减少的路段、路口，或者在没有交通信号灯、交通标志、交通标线及交通警察指挥的交叉路口遇到停车排队等候或者缓慢行驶时，机动车应当依次交替通行。交通事故参与者借道通行时，有可能与正常通行的交通参与者产生冲突，为保证安全，借道者有避让的义务。

（2）行人"优先"的权利。

机动车行经人行横道时，应当减速行驶；遇行人正在通过人行横道，应当停车让行。机动车行经没有交通信号灯的道路时，遇行人横过道路，应当避让。

④ 后果关联原则

当事人的行为虽然未造成交通事故的发生，但加重了交通事故的后果，应负交通事故责任，就是后果关联原则。

五、如何预防发生交通事故

① 规避车祸的几个诱因

黄昏时分容易出车祸，黑色汽车容易出事故，白色和黄色汽车最安全。

在酒后、药后、疲劳后不开车。国家严厉打击酒后驾车，近年来因酒后驾车导致的事故逐年下降。

吃了含有麻黄碱、氯苯那敏（扑尔敏)成分的感冒药会引发注意力不集中，不要开车。

禁止酒后驾驶

法律规定司机连续驾驶不得超过4 h。

② 拒绝危险行为

日常行车不要在胸口口袋内放硬物，如钢笔、火机、别针等。

车内也不要摆放杂物和装饰物，车后窗不要有挂饰。

开车时不要打电话、聊天、化妆，音响声音不要过大。

③ 遵守行车规则

开车时要和前车保持安全距离，特别是在雾雪天气。

拐弯时要扭头看一下车后，因为反光镜有死角。

开车时不要和大卡车抢道，每年都有小汽车和大卡车抢道，大卡车转弯过急把小车压在下面的事故发生。

④ 特殊情况应对

不要在冰面上开车，如果一定要过，要一直开过去不要停。

汽车涉水要及时熄火等待救援。汽车落水可转移到后座逃生。

在高速公路上开车不要过慢，因为很多大货车是不减速的，在超车时容易发生事故。新手开车要避免踩错刹车，应养成良好的驾驶习惯，右脚一直靠在某个固定踏板上，以免出现紧急情况不知道脚放在哪里。

车胎爆裂不要踩急刹车，要松开油门慢慢减速。

夏天要预防汽车自燃，汽车不要长时间在阳光下暴晒，闻到有异味要停车。使用灭火器时只能打开引擎盖一点缝隙，不要完全打开，以防爆燃。汽油会影响人体健康，要尽量远离。新车会释放有毒气体，要经常开窗通气。不要在车内阳光直射处放打火机和瓶装水。为保护车漆应将车停放在阴凉处。

可在汽车上装上摄像头，这样可以避免很多麻烦，比如，有人碰瓷时能提供证据。

认识汽车的类型和品牌，知道汽车价格，遇到价格高的车要远离（如劳斯莱斯、宾利、兰博基尼等，撞坏了赔不起，车险也是有上限的）。肇事车辆产生的急救费用由保险公司在责任限额内支付，超过限额或逃逸的，由社会救助基金先行垫付。

阴凉处停车可有效预防汽车自燃

六、车祸发生时怎么办

随着社会的发展，人们生活节奏的日益加快，汽车已成为不可缺少的重要交通工具，同时车祸所造成的人员伤亡和财产损失也以惊人的速度增加。据统计，车祸已成为和平时期人类意外伤害的主要原因。

车祸所造成伤害的严重程度，多由自我保护意识强弱所决定。当意识到或看到车祸即将发生的瞬间，要设法将身体牢牢地固定在座椅上，如双手紧抓住扶手，用手足使劲顶紧前排座椅、全身绷紧等。这些措施可有效地减轻伤害程度。

车祸发生后，只要意识还清醒就要先关闭发动机，对于撞车后起火燃烧的车辆要迅速撤离，以防油箱爆炸伤人。大多数车祸发生时车辆均处于高速行驶之中，所以车祸对人体的伤害多为撞击伤以及车辆翻倒时发生的挤压伤。高速的冲撞、挤压常可导致头部损伤、胸部损伤、四肢骨折，甚至脊柱骨折。

七、交通事故现场急救有哪些技巧

　　交通事故发生后现场急救是否得当，直接关系到伤员的生命安危。因此，每个驾驶员必须了解交通事故的急救知识，掌握必要的事故现场急救技巧。这样才能在紧急情况发生时做好现场救护工作，以便迅速、及时地抢救伤员的生命。

① 现场急救的原则

　　交通事故的特点是"伤情复杂、严重、复合伤多"。因此，在抢救中一般按照"先抢后救""先重后轻""先急后缓""先近后远"的顺序，灵活掌握。首先采取止血，保持呼吸道的通畅，抗休克等措施；然后是处理好内脏器官的损伤；其次是处理好骨折；最后是包扎处理一般伤口。

　　在救援人员没到事故现场之前，要第一时间组织自救。"自救原则"是车祸现场救护、抢救伤员生命的一条宝贵经验，尤其是对发生在偏僻地区的车祸更为重要。在车祸现场不能消极等待，要积极采取"自救、互救"措施，充分利用现有器材，以赢得救援时间。

　　抢救伤员时，应先救命，后治伤。遇重大、特大事故有众多伤员须送往医院时，处于昏迷状态的伤员应首先送往医院，颈椎受伤的伤员应最后送往医院。受伤者在车内无法自行下车时，可设法将其从车内移出，尽量避免二次受伤。遇伤者被压于车轮或货物下时，应设法移动车辆或搬掉货物，根据伤

势采取相应的救护方法，切忌拉拽伤者的肢体。

 现场急救的方法

在急救过程中，遇到不同情况的处理方法如下。

（1）昏迷的人。

昏迷失去知觉的伤者是不会讲话，抢救前应检查伤者的呼吸情况。搬运昏迷或有窒息危险的伤者时，应采用侧卧的方式。

伤员紧急救护

（2）骨折的人。

骨折的处理方法：①为防止骨折伤员休克，不要移动伤员身体的骨折部位，对无骨端外露骨折伤员的肢体，用夹板或木棍、树枝等固定时应超过伤口上、下关节；②伤员大腿、小腿和脊椎骨折时，一般应就地固定，不要随便移动伤者，关节损伤（扭伤，脱臼，骨折）的伤员，应避免活动；③伤员骨折处出血时，应先止血和消毒包扎伤口，然后再固定，伤员四肢骨折有骨外露时，可用敷料包扎。

伤员脊柱可能受损时，不要改变伤员姿势。因受伤处力求稳妥牢固，要固定骨折的两端和上、下两个关节。伤员骨折固定后，上肢为屈肘位，下肢呈伸直拉。

（3）失血过多的伤者。

受伤者失血过多，将会出现生命危险，如出现休克等症状。抢救或处理失血伤员的措施首先是通过外部压力，使伤口的流血止住，然后系上绷带。救助失血过多出现休克的伤员时，应采取保暖措施，防止热损耗。

（4）有害气体中毒者。

救助有害气体中毒伤员，应迅速将伤员移到有新鲜空气的地方，防止继续中毒。

（5）身上着火的伤员。

救助全身燃烧的伤员，应采取迅速扑灭衣服上的火焰，向全身燃烧伤员身上喷冷水，脱掉烧着的衣服，用消过毒的绷带包扎烧伤口等。用沙土覆盖会造成伤口感染，甚至危及生命。烧伤伤员口渴时，可喝少量的淡盐水。

总之，在救护交通事故伤员时，一定要沉着冷静、科学有效，千万不要因为慌乱而对伤员造成二次伤害。

八、什么是视线诱导标

视线诱导标是沿车行道两侧设置，用于明示道路方向、车行道边界及危险路段位置等，辅助驾驶员明确视线的设施。车辆在道路上行驶须有一定的通视距离，以便掌握道路前方的情况，尤其是在夜间行驶时，仅依靠前车灯照明来弄清道路的方向是有一定困难的。因为汽车前灯的照明范围是有限的，要想达到白天的通视距离，就要依赖于视线诱导设施。

视线诱导设施

① 视线诱导标分类

视线诱导标按功能可分为：轮廓标、分流或合流诱导标、线形诱导标。其中线形诱导标又可分为指示性线形诱导标和警告性线形诱导标。按其设置方式可分为直埋式和附着式两种。

　　轮廓标以指示道路轮廓为主要目标；分合流诱导标以指示交通分合流为主要目标；线形诱导标以指示或警告改变行驶方向为主要目标。它们以不同的侧重点来诱导驾驶员的视线，使行车更为安全、舒适。

② 视线诱导标的重要性

　　一个驾驶员如果想快捷、舒适和安全地在高速公路上行驶，就必须获得道路前方的各种信息。这些信息是可以随着车辆向前行驶通过驾驶员自己的眼睛获取的。驾驶员通过标志、标线、护栏、轮廓标等参照物，明确自己所处的相对位置，对视野范围的更远方向行进树立了信心。但是，驾驶员在晚上开车时，上述设施的视线诱导机能显著下降。在汽车前灯的照射下，只能看清局部范围的线形，不能起到应有的视线诱导作用。

高速路上的标志牌